中国古生物研究丛书

Selected Studies
of Palaeontology
in China

纪念莱阳恐龙发现100周年

献给杨钟健院士、谭锡畴教授、刘东生院士和周明镇院士

中国古生物研究丛书
Selected Studies of Palaeontology in China

山东莱阳晚白垩世鸭嘴龙动物群

The Laiyang Hadrosaur Fauna from the Late Cretaceous in Shandong

张嘉良 汪筱林 王 强 蒋顺兴 著
赵 闯 绘

上海科学技术出版社

图书在版编目（CIP）数据

山东莱阳晚白垩世鸭嘴龙动物群 / 张嘉良等著. --
上海：上海科学技术出版社，2024.1
　（中国古生物研究丛书）
　ISBN 978-7-5478-6447-0

　Ⅰ．①山… Ⅱ．①张… Ⅲ．①恐龙—研究—莱阳
Ⅳ．①Q915.864

中国国家版本馆CIP数据核字(2023)第228209号

──

丛书策划　季英明
责任编辑　季英明　朱永刚
装帧设计　戚永昌

山东莱阳晚白垩世鸭嘴龙动物群

张嘉良　汪筱林　王　强　蒋顺兴　著

赵　闯　绘

──

上海世纪出版（集团）有限公司
上 海 科 学 技 术 出 版 社　出版、发行
（上海市闵行区号景路159弄A座9F-10F）
邮政编码201101　www.sstp.cn
上海中华商务联合印刷有限公司
开本　940×1270　1/16　印张　8
字数　190千字
2024年1月第1版　2024年1月第1次印刷
ISBN 978-7-5478-6447-0 / Q·83
定价：249.00元

──

本书如有缺页、错装或坏损等严重质量问题，请向印刷厂联系调换

内 容 提 要

　　莱阳鸭嘴龙动物群是我国晚白垩世重要恐龙动物群之一。山东莱阳王氏群中发现的恐龙和其他脊椎动物化石类型多样，其中属于鸭嘴龙超科的成员，其数量和种类都最为丰富，最具代表性。基于近年来作者在莱阳发掘的材料，本书着重介绍了莱阳鸭嘴龙动物群的研究历史、地质背景和在莱阳发现的鸭嘴龙超科属种的最新研究进展，包括棘鼻青岛龙头饰的内部结构研究和复原，杨氏莱阳龙的形态学和分类学研究，以及化石富集层埋藏环境的分析。

Brief Introduction

　　The Laiyang Hadrosaur Fauna is one of the most important Late Cretaceous dinosaur faunas in China. Abundant fossils of vertebrates, especially dinosaurs and dinosaur eggs, have been found from the Wangshi Group, Upper Cretaceous in Laiyang, Shandong. Hadrosaurs were the most diverse, abundant and representative animals in the Laiyang Hadrosaur Fauna. Based on the fossils excavated in Laiyang by the authors in recent years, this book focuses on the research history and the geological background of the Laiyang Hadrosaur Fauna, as well as the latest research progress on the members of hadrosauroids discovered in Laiyang. This includes the study on the interior structure of the nasal spine and reconstruct the cranial crest of *Tsintaosaurus spinorhinus*, the research on the anatomy and phylogeny of the newly discovered *Laiyangosaurus youngi*, and the analysis of the taphonomic modes of fossil-bearing layers in Laiyang.

序

《中国古生物研究丛书》有选择地登载中国古生物学家20多年来，根据中国得天独厚的化石材料做出的研究成果，不仅记录了一些震惊世界的发现，还涵盖了对一些古生物学和演化生物学关键问题的探讨与思考。上海科学技术出版社盛邀在相关领域里取得突出成绩的多位中青年学者，以他们各自多年工作积累和研究方向为主线，进行一次阶段性的学术总结。尽管部分内容在国际高端学术刊物上用英文发表过，但在整理和综合的基础上，首次全面、系统地编撰成中文学术丛书，旨在积累专业知识、方便学习研讨。这对于中国学者和能阅读中文的外国读者而言，不失为一套难得的、专业性强的古生物学研究丛书。

形态各异、栩栩如生的化石是镌刻在石头上的史前生命，隐含着地质和生命演化的许多奥秘。中国不愧是世界上研究古生物的最佳地域之一，因为这片广袤的大地拥有许多重要而丰富的化石材料。它们能揭示波澜壮阔的生命演化过程，能证实史前中国曾由很多板块、地体和岛屿组成。这些大大小小的块体原先分散在不同气候带的各个海域，经历过长时期的分隔，才逐渐拼合成现在的地理位置。这些块体表面，无论是海洋还是陆地，都滋养了各个时代的不同生物群。它们的地质年代和环境背景，揭示了生命演化过程中包含的一幕幕悲（生物大灭绝）喜（生物大辐射）交加的生命事件。这些年来，元古代到新生代的大批化石群在中国被发现、采集和研究，尤其是距今约5.2亿年的澄江动物群和约1.2亿年的热河生物群最引人瞩目。中国的古生物学家之所以能做出令世人赞誉的成果，首先就是得益于这些弥足珍贵、令人称羡的化石材料。

其次，这些成果的取得也得益于中国古生物研究的悠久历史和浓厚的学术氛围。著名地质学家李四光、黄汲清先生等，早年都是古生物学家出身，后来成为地质学界的领衔人物。正是中国的化石材料，造就了以他们为代表、一代又一代优秀的古生物学家群体。这个群体中，有许多野外工作能力强、室内研究水平高的老前辈，有在严密、严格、严谨的学风中沁润成优良的学术氛围，并代代相传，在科学界赢得了良好声誉。现今中青年古生物学家继承老一辈的好学风，视野更宽，有些已成长为国际权威学者。他们为寻找和发现隐藏在地下的化石，奉献了智慧和青春。我们深知，在社会大转型的过程中，有来自方方面面的诱惑。然而，凭借着对古生物学的热爱、兴趣和痴迷，他们并不在乎生活有多奢华、条件有多优越，而在乎能否找到更多、更好的化石，能否把找到的化石研究得更深入、更精准，更能揭示化石背后的演化意义。他们在工作中充满激情，并愿为此奉献一生。我们深为中国能拥有这样一个群体感到骄傲和自豪。

同时，中国古生物学的飞速发展还得益于改革开放带来的大好时光。这些年来，中国的中青年古生物学者很幸运地得到了国家（如科技部、中国科学院、自然科学基金委、教育部等）的大力支持和持续资助，这不仅使科研条件和仪器设备有了全新的提高，也使中国学者凭借智慧和勤奋，在更便利和频繁的国际合作交流中创造出更多优秀的成果。

这套丛书以从事古生物学及相关研究和学习的本科生、研究生为主要读者对象。读者可以从作者团队多年工作积累中，了解到国内外相关专业的研究近况，阅读到由系列成果作为基础铺垫的多种学术思路，触及与生命演化相关的概念、理论和假说。这套丛书全彩印刷、装帧精美、图文并茂，不乏化石模式标本的原件照片及其复原的精美图片。凡此种种，不仅对有志于研究古生物学的年轻学子，对已入门的古生物学者也不无裨益。

戎嘉余　周忠和
《中国古生物研究丛书》主编

前言

恐龙是一类生活在中生代的陆栖爬行动物,其起源可追溯到约2.3亿年前的三叠纪,并在侏罗纪和白垩纪时期达到了多样化的顶峰,演化出各种形态和生态特征,曾支配全球陆地生态系统长达约1.7亿年之久。其中,鸭嘴龙超科是一类生活在白垩纪晚期的种类繁多、数量巨大的大型陆生植食性恐龙,也是鸟臀目鸟脚类中演化最成功的类群之一。

山东莱阳位于胶东半岛,广泛发育中生代白垩纪陆相沉积地层和火山沉积地层,出露连续完整,包括下白垩统莱阳群、青山群和上白垩统王氏群。莱阳是我国地质古生物学家最早发现恐龙、恐龙蛋、翼龙、昆虫和植物化石的地方,也是世界罕见的恐龙和恐龙蛋共生富集的产地。一个世纪以来,以杨钟健、谭锡畴、刘东生、周明镇、葛利普、维曼等为代表的国内外老一代地质古生物学家及其后继者们,在莱阳进行了长期的野外考察、发掘和研究,发现了大量以鸭嘴龙类和恐龙蛋为代表的骨骼化石和遗迹化石,以及鱼类、翼龙、龟类等脊椎动物和大量的昆虫、植物等化石。

作为世界上最重要的晚白垩世恐龙化石产地之一,莱阳的恐龙化石发现和研究在百年间经历了3次大的发展阶段:第一次是在1920年代,谭锡畴发现采集并经周赞衡、葛利普和维曼等研究报道了一批恐龙、鱼类、昆虫、植物等化石,这是我国学者最早发现的恐龙化石。第二次是在1950年代,杨钟健、刘东生和王存义等采集了一批恐龙、恐龙蛋化石,并经杨钟健和周明镇等研究报道,其中最著名的就是新中国第一龙棘鼻青岛龙。第三次是从2008年以来,中国科学院古脊椎动物与古人类研究所汪筱林团队对莱阳进行的连续10多年的科学考察、发掘、研究和保护,发现数十个恐龙和恐龙蛋化石新层位和新地点及平原恐龙峡谷群,在对两个化石地点进行大规模的发掘中,发现大量恐龙等化石。

本书在对莱阳化石百年发现和研究总结整理的基础上,着重对近10多年来关于莱阳鸭嘴龙动物群的研究进展进行了详细介绍,并通过对一直存有争议的棘鼻青岛龙头饰的再研究,诸如棘鼻青岛龙的棒状头冠与其他鸭嘴龙科成员头饰的区别,鼻棘是否中空、形态如何,以及棘鼻青岛龙属种有效性等,给出了比较明确的研究结论。此外,对新发现的鸭嘴龙超科新属种杨氏莱阳龙做了系统记述,同时介绍了莱阳鸭嘴龙动物群集群死亡和特异埋藏等方面的研究成果。

本书是中国科学院古脊椎动物与古人类研究所汪筱林团队对莱阳鸭嘴龙动物群研究的部分成果。全书分为五大部分:第一部分回顾莱阳鸭嘴龙动物群的发现和研究历史;第二部分介绍鸭嘴龙超科研究历史和中国鸭嘴龙超科的主要成员;第三部分介绍莱阳鸭嘴龙超科成员及其研究进展;第四部分介绍莱阳鸭嘴龙动物群的其他成员;第五部分介绍莱阳鸭嘴龙动物群集群死亡和特异埋藏研究的初步成果。

参与本书相关野外考察、化石发掘和修理的人员有中国科学院古脊椎动物与古人类研究所技术室的李岩、向龙、周红娇、高伟、寿华铨、汪瑞杰、张杰、刘新正、许丹、汪文灏、程仕靓、王平等;参与野外考察发掘和部分研究工作讨论的硕、博士研究生有程心、孟溪、李宁、裴锐、张鑫俊、王俊霞、陈鹤、潘睿、方开永、朱旭峰等;脊椎动物演化与人类起源重点实验室侯叶茂协助CT扫描,陈福友协助激光扫描;中国古动物馆王原、张平、葛旭等,以及标本馆郑芳、耿丙河等协助标本观察。研究期间,中国地质大学(北京)李国彪等参与了有益的讨论。书稿完成后,中国地质科学院地质研究所姬书安进行了审阅,并提出建设性修改意见。莱阳考察期间,莱阳市委、市政府,以及莱阳市自然资源和规划局、莱阳市文化和旅游局、莱阳市科技局、吕格庄镇政府、莱阳白垩纪国家地质公园等机构和相关人员给予了大力支持和帮助。此外,山东省博物馆孙承凯、烟台市博物馆王富强、莱阳市博物馆王建华等协助了早期的野外考察工作。在此一并致以衷心的感谢!

本书相关研究得到国家自然科学基金面上项目(41172018)、基础科学中心项目(42288201)、国家杰出青年科学基金(40825005)、国家重点基础研究发展计划项目(973计划)(2012CB821900)、中国科学院青年创新促进会(2019075)和莱阳市政府合作项目的资助。

目 录

序

前言

莱阳鸭嘴龙动物群研究历史

山东省莱阳市位于胶东半岛腹地。这里地理位置优越,自然风光优美,物产资源丰富,经济文化发达,水陆空交通便捷,是一个历史悠久、文化底蕴深厚的城市,是著名的"中国梨乡",同时也以"中国恐龙之乡"而闻名。

山东莱阳是我国最重要的恐龙与恐龙蛋化石共生富集的产地之一,也是我国地质古生物学家最早发现恐龙、恐龙蛋和翼龙、昆虫和植物等古生物化石的地区,在我国乃至世界的恐龙、恐龙蛋、翼龙等古生物研究史上具有举足轻重的地位。

1.1 山东莱阳古生物化石发现和研究历史

莱阳地区中生代地层尤其是白垩纪地层非常发育,包括早白垩世的莱阳群、青山群和晚白垩世的王氏群,并且相关岩层的组建和典型地层剖面集中分布在城郊四周。地质时代距今1.3亿年～7000万年,是研究白垩纪地球演化和生命进化最理想的地区之一。其中下白垩统莱阳群(130～120 Ma)是含鱼类、昆虫、植物等古生物化石的湖相沉积,相当于热河群;青山群(110～100 Ma)为含鹦鹉嘴龙和翼龙的火山-河湖相沉积,这两套地层的生物组合面貌属于热河生物群。上白垩统王氏群(80～70 Ma)为富含鸭嘴龙动物群和恐龙蛋群的陆相红层。

莱阳的古生物化石发现和研究已有百年历史,最早可以追溯到20世纪20年代,一个世纪以来,以杨钟健、葛利普、谭锡畴、刘东生和周明镇等为代表的老一代中外地质古生物学家及其后继者们在莱阳进行了野外考察、发掘和研究,发现了大量以恐龙为主的古生物化石,莱阳的古生物发现和研究历史大致可分为以下三个阶段。

1.1.1 20世纪20年代莱阳第一次大发现

莱阳最早的恐龙化石发现可以追溯到20世纪20年代,1923年4月我国第一代地质学家谭锡畴先生应瑞典地质古生物学家安特生(J. G. Andersson)的提议,对山东东部进行了详尽的地质古生物调查。随后,谭锡畴在1923年出版的《地质汇报》上发表了《山东中生代及旧第三纪

地层》(图1-1),报道此次调查的地层和古生物发现,其中以莱阳白垩系地层为基础,首次建立了山东东部白垩系地层划分方案,自下而上划分为莱阳系(组)、青山系(组)和王氏系(谭锡畴,1923),这也是目前莱阳地区白垩系地层划分的基础;同时,在此次考察中谭锡畴先生在山东莱阳天桥屯-将军顶一带(王氏群)、青山(青山群)采集到恐龙骨骼化石,在北泊子、南务等地(莱阳群)采集到鱼类、昆虫和植物等化石,这是我国学者第一次在中国发现恐龙和昆虫化石。

同年,刚从瑞典留学归国的中国学者周赞衡在同期《地质汇报》上发表了《山东白垩纪之植物化石》(图1-1),鉴定并描述了此次谭锡畴采集的植物化石11种,以松柏、银杏和苏铁为主(周赞衡,1923),这也是中国学者发表的第一篇古植物学论文。同时,时任北京大学地质系

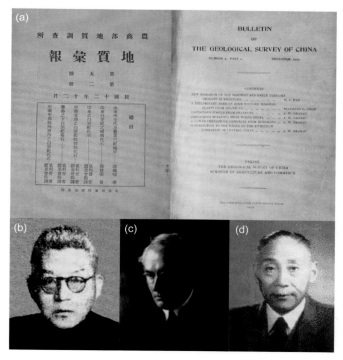

图1-1 莱阳古生物第一次大发现
(a)1923年出版的《地质汇报》中英文封面;(b)谭锡畴;(c)葛利普;(d)周赞衡。

教授的美国地质学家葛利普（A. W. Grabau）研究了昆虫和鱼类化石，发表了《山东之白垩纪化石》（图1-1），其中报道了4个昆虫属种（Grabau，1923），由此揭开了我国古昆虫学研究的序幕。

1923年4月，谭锡畴在莱阳天桥屯王氏群将军顶组地层中采集到恐龙化石后（谭锡畴，1923）；同年10月，奥地利古生物学家师丹斯基（O. Zdansky）在同一区域进行考察并发现了一些恐龙化石（Wiman，1929）。1929年，瑞典古生物学家维曼（C. Wiman）研究了这批由谭锡畴和师丹斯基在莱阳采集的恐龙化石，并在《山东白垩纪恐龙类》一书中对其进行了系统描述（图1-2），将其归于鸭嘴龙科，命名为中国谭氏龙（*Tanius sinensis*），以纪念其发现者谭锡畴先生（Wiman，1929）。中国谭氏龙正型标本为一具不完整的骨架，包括头骨后半部分和部分头后骨骼，其主要特征有头骨扁平没有头饰，背椎神经棘较高，肩胛骨远端背腹缘平行等。作为中瑞科学合作成果的一部分，1923年谭锡畴和师丹斯基在莱阳采集的恐龙化石，后被运往瑞典乌普萨拉大学，现保存在该校的进化博物馆。

谭锡畴和师丹斯基1923年在莱阳发掘的恐龙化石，自1929年维曼研究中国谭氏龙后的几十年间一直无人问津。直到1995年，法国古生物学家比弗托（E. Buffetaut）

对其中一些属于甲龙类的标本进行了研究，其特征与格氏绘龙相同，由于标本较少，且缺少重要的头部骨骼，因此比弗托暂将其命名为似格氏绘龙（*Pinacosaurus* cf. *grangeri*）（Buffetaut，1995）。2013年，Poropat和Kear（2013）重新描述了这批标本中的部分兽脚类（Theropoda）恐龙的脊椎骨骼，并将其归于虚骨龙类（Coelurosauria）。20世纪30年代，王恒升也报道了在莱阳金岗口采集到的一些恐龙化石（Wang，1930），目前这批标本已经遗失（杨钟健，1958）。

1.1.2　20世纪50年代莱阳第二次大发现

这一时期，莱阳地区成为中国古生物化石研究的重要中心和热门区域。许多国内知名的地质古生物学家在莱阳考察、发掘和研究恐龙等古生物化石，其中包括中国古脊椎动物学的奠基人杨钟健、黄土研究之父刘东生以及古哺乳动物学的奠基人周明镇等。这些学者陆续发表了一些重要的研究成果，涉及恐龙和恐龙蛋化石的发现和研究。

1950年，山东大学地质矿物学系王麟祥和关广岳带领学生实习时在莱阳的金岗口和赵瞳等地的上白垩统王氏群中发现了一些恐龙和恐龙蛋化石（Chow，1951）。随后，刚刚从美国学成回国任山东大学副教授的周明镇（1951）研究并报道了这些恐龙和恐龙蛋化石，其中恐龙

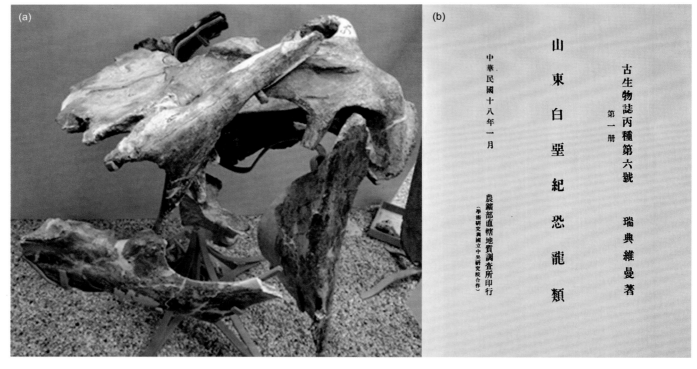

图1-2　中国谭氏龙头骨和维曼的著作《山东白垩纪恐龙类》

化石在中国科学院古脊椎动物与古人类所(以下简称"古脊椎所")杨钟健的帮助下鉴定为鸭嘴龙科,这批标本现存于吉林大学地质博物馆。这也是我国学者第一次报道在我国境内发现的恐龙蛋化石(汪筱林等,2010)。

这一发现引起了杨钟健的关注,1951年,他带领刘东生和王存义组成的古脊椎所科考队在莱阳进行了大规模的野外考察和发掘,并对金岗口西沟(上白垩统王氏群)和陡山(下白垩统青山群)的两个地点进行了大规模发掘,发现大量的恐龙和恐龙蛋化石(刘东生,1951;杨钟健,1958)(图1-3~图1-5)。杨钟健在详细研究了此次发掘中发现的恐龙化石后,在1958年出版了著名的《山东莱阳恐龙化石》一书,全面系统地报道了这批标本中的恐龙和其他脊椎动物化石,并初步展现了莱阳晚白垩世鸭嘴龙动物群的基本面貌,这是中华人民共和国成立以来第一部关于恐龙的重要著作。其中包括鸭嘴龙超科(Hadrosauroidea)的棘鼻青岛龙(*Tsintaosaurus spinorhinus*)——新中国成立后发现的第一具恐龙化石骨架(图1-6,图1-7),第二种谭氏龙——金刚口谭氏龙(*Tanius chingkankouensis*),兽脚类的似甘氏四川龙(cf. *Szechuanosaurus campi*)、破碎金刚口龙(*Chinkankousaurus fragilis*),以及其他可能属于剑龙类和蜥脚类等的恐龙骨骼化石(杨钟健,1958)。同时还记述了发现于陡山青山群的角龙类中国鹦鹉嘴龙

(*Psittacosaurus sinensis*),以及翼龙类骨骼化石,这是我国首次报道的翼龙化石(杨钟健,1958)。2023年,蒋顺兴和宋俊逸等对这些翼龙化石进行了系统记叙,重新确立其分类位置,并将其归入神龙翼龙超科(Azhdarchoidea)(Song et al.,2023)。

在此期间,杨钟健(1954)和周明镇(1954a)报道了在莱阳发现的恐龙蛋化石,周明镇(1954b)还报道了此次发掘中采集的龟类化石。

1959年,北京自然历史博物馆甄朔南在古脊椎所王存义的协作下,对莱阳金岗口王氏群的青岛龙化石地点进行了又一次发掘,采集了一批鸭嘴龙类化石。1976年,经甄朔南(1976)研究后将其归于谭氏龙属并建立新种,命名为莱阳谭氏龙(*Tanius laiyangensis*)。这一期间,天津自然博物馆也在莱阳采集了一批恐龙化石。

20世纪60—70年代,莱阳仍不断有新的古生物化石被发现研究。1960年,杨钟健报道了发现于莱阳北泊子的刘氏莱阳足迹(*Laiyangpu liui*)(杨钟健,1960)。赵喜进(1962)在陡山青山群中发现了新的鹦鹉嘴龙化石,为纪念杨钟健将其命名为杨氏鹦鹉嘴龙(*Psittacosaurus youngi*)。1964年,原地质部石油局综合研究队在莱阳和诸城王氏群中发现大型鸭嘴龙化石,后经胡承志等发掘并被研究命名为巨型山东龙(*Shantungosaurus giganteus*)

图1-3 1951年棘鼻青岛龙的发现地点

图1-4　1951年莱阳发掘现场之一

图1-5　1951年莱阳发掘现场之二

图1-6　棘鼻青岛龙装架

图1-7　棘鼻青岛龙骨架（现保存于中国古动物馆）

（胡承志，1973；胡承志等，2001）。董枝明（1978）报道了肿头龙类的红土崖小肿头龙（*Micropachycephalosaurus hongtuyanensis*）。

此外，莱阳的恐龙蛋化石发现和研究也有着悠久的历史，在我国乃至世界恐龙蛋化石研究领域具有十分重要的意义。周明镇对1950年山东大学在莱阳发现的恐龙蛋化石的研究是我国学者第一次报道在我国境内发现的恐龙蛋化石（Chow，1951）。1954年，杨钟健研究了1951年在莱阳发现的恐龙蛋化石，将这些恐龙蛋分成了圆形蛋和长形蛋两大类，并以此为基础首次提出了恐龙蛋化石的初步分类方法（杨钟健，1954）。周明镇（1954a）还对莱阳的这些恐龙蛋化石进行了蛋壳显微结构的观察和研究。这些早期的开拓性研究，为恐龙蛋研究方法和命名系统的提出奠定了基础。20世纪70年代，赵资奎等深入研究了莱阳恐龙蛋化石的显微结构，并在杨钟健研究的基础上建立了长形蛋科（Elongatoolithidae）和圆形蛋科（Spheroolithidae）（赵资奎和蒋元凯，1974；赵资奎，1975，1979），并首次提出了目前国际通用的恐龙蛋化石分类和命名系统（赵资奎，1975）。

之后，莱阳地区少有古生物化石的报道和发现。1990年，山东地矿局区域地质调查队编写了《山东莱阳盆地地层古生物》，比较全面地总结了莱阳群的地层古生物化石。张俊峰（1992）总结了多年野外工作在莱阳采集的昆虫化石计有300余种。李日辉等在莱阳龙旺庄发现了杨氏拟跷脚龙足迹（*Paragrallaator yangi*）（李日辉和张光威，2000；李日辉，2001）。

1.1.3 2008年以来莱阳第三次大发现

自2008年起,汪筱林带领的古脊椎所莱阳科考队与莱阳市政府合作,在莱阳进行新一轮的大规模考察与发掘,连续10多年在莱阳开展了古生物化石野外考察、保护与研究等工作,并于2010年开始对莱阳金岗口的1号(青岛龙化石地点)和2号(新发现的地点)两个化石地点进行了持续的大规模发掘(图1-8),发现了大量以鸭嘴龙类恐龙为主的脊椎动物化石和恐龙蛋化石,以及平原恐龙峡谷群和10多个恐龙和恐龙蛋化石新层位、新地点(图1-9)。2018年,王强等对发现于将军顶上白垩统的半枚蛋化石研究后,根据其蛋壳特征和显微结构特征,将其归入棱柱形蛋科,建立新属新种:梨乡莱阳蛋(*Laiyangoolithus lixiangensis*)。

2010年4月,古脊椎所莱阳科考队开始对棘鼻青岛龙发现地点(1号地点)进行保护性发掘,以确定棘鼻青岛龙的发现层位,并对当年发掘遗址进行原址保护。经过前期的资料整理和野外调查,并对当地亲历过1951年发掘的老人们进行专访,确定了当年发现棘鼻青岛龙的地点,在清理浮土后对岩层进行逐层发掘。随着发掘的进行,发现的化石也逐渐增多,并最终确定了棘鼻青岛龙的发现层位(图1-10~图1-13)。1号地点发现的化石以零散的恐龙化石为主,值得注意的是,在化石富集层发现一枚完整的蛋化石,后经科考队王强研究鉴定为龟类蛋化石,命名为莱阳水龟蛋(*Emydoolithus laiyangensis*)(Wang et al.,2013)。出于对棘鼻青岛龙发掘遗址保护和科普教育的目的,科考队对1号地点的化石层位进行了原址加固保护,并每年都会对其进行加固维护,同时莱阳市政府也在1号地点建设了临时的保护性展馆。

2010年在对1号地点发掘的同时,科考队也在金岗口进行了走访调查,收集老乡们捡到的化石标本和相关信息,并在金岗口村北,距1号地点以东1 km处发现散落着大量的破碎的恐龙化石。后来得知前一年村民在这里取土,因此浮土被挖走后富含化石的岩层便暴露出来。随后,科考队和莱阳市政府对这一地点进行了紧急的抢救性发掘,发现在近100 m视厚度中富含至少8个化石富集层,并将这一新发现的地点命名为莱阳2号化石地点(图1-14)。

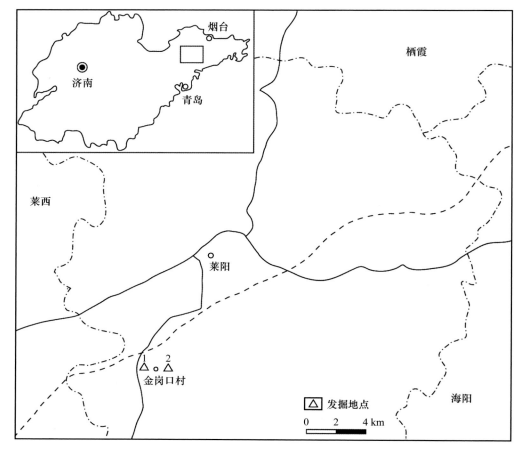

图1-8 莱阳地理位置及化石发掘地点位置图(据Wang et al.,2012修改)

1号地点,棘鼻青岛龙发现地点;2号地点,新的恐龙化石发掘地点。

图1-9　莱阳平原恐龙峡谷

图1-10　2010年,亲历1951年发掘的潘合先老人(后排居中者)和科考队员调查当年的化石地点

图1-11　2010年1号地点发掘初期现场

图1-12　2010年1号地点（棘鼻青岛龙遗址馆）采集莱阳水龟蛋化石发掘现场和化石层位

图1-13　棘鼻青岛龙遗址馆及青岛龙模型1号地点

图1-14　2010年2号地点发掘初期工作现场

在对2号化石地点的抢救性发掘过程中，发现了大量以鸭嘴龙类为主的恐龙和其他脊椎动物化石。发掘初期为了对化石进行更有效的保护，除一些破损严重和上层零碎的化石外，科考队对化石富集层上的化石进行了原址保护，并且莱阳市政府也在2号地点发掘现场建立了临时保护馆（图1-15）。

此后几年间，随着科考队对化石埋藏规律了解得更清晰，同时化石保护技术的更新升级，出于科研目的，科考队对遗址馆内的化石进行了有目的保护和自然风化观察，并每年都定期对剖面和剖面上的化石进行加固保护（图1-16）。此外，科考队对遗址馆外侧的区域进行了大规模发掘，逐年对各个化石层进行了暴露，但对化石富集层上的化石仍以原址保护为主（图1-17，图1-18）。发掘过程中，对较小的零散破损的化石主要采取现场采集方式，采集过程中会对化石进行初步的修复，并记录采集位置、化石基本信息等；而对于较大的化石无法直接取出，采取打"皮劳克"的方式采集，后期由技术人员在室内进行修理（图1-19～图1-21）。

古脊椎所科考队对新发现的化石进行细致和专业的修理工作（图1-22，图1-23），并在莱阳建立工作站，对发掘的化石进行专业修理。随着莱阳白垩纪国家地质公园和博物馆的建立，莱阳化石的修理工作和保存、展览也有

图1-15　2号遗址馆原地埋藏化石修理

图1-16　科考队员对2号地点遗址馆内的化石进行修理

图1-17 2012—2015年2号遗址馆外发掘的第1—5化石富集层

图1-18 2号遗址馆外化石富集层
（a）第2化石层发掘现场；（b）-（d）第3化石层发掘现场。

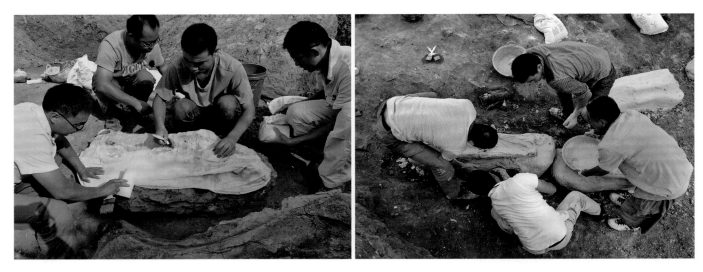

图1-19　科考队员在对较大的化石打"皮劳克"，即石膏包

图1-20　科考队员对化石进行测量及对"皮劳克"编号

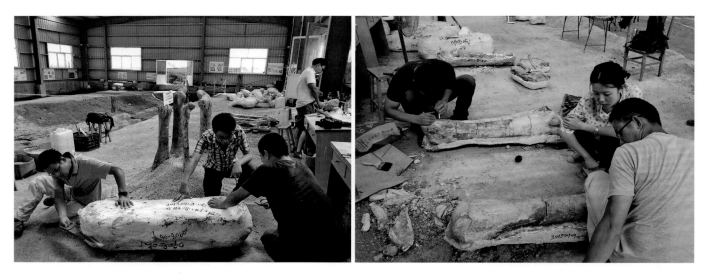

图1-21　科考队员对"皮劳克"开包，并对化石进行修理（2号遗址馆内）

图1-22 科考队员在室内修理化石

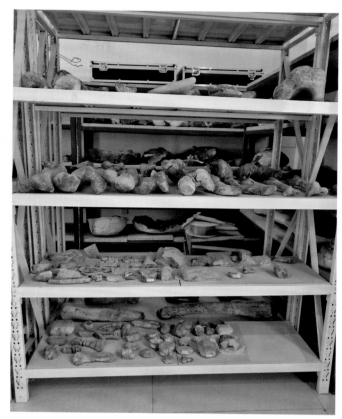

图1-23 莱阳白垩纪国家地质公园博物馆内已修理的恐龙化石

了更好的条件。对2号地点新发现的化石研究后,认为新发现的鸭嘴龙类化石与莱阳此前发现的鸭嘴龙超科成员有明显区别,代表了一种新的栉龙亚科成员,将其命名为杨氏莱阳龙(*Laiyangosaurus youngi*)(Zhang et al., 2017),以纪念杨钟键先生对莱阳古生物化石发现和研究的重大贡献。

2010年,中国古生物化石保护基金会和中国地质调查局地层与古生物中心授予莱阳市"中国恐龙之乡"称号,同年,"山东莱阳金岗口恐龙遗迹省级地质公园"正式授牌。2011年,原国土资源部批复设立"山东莱阳白垩纪国家地质公园",同年,"中国科学院古脊椎动物与古人类研究所莱阳科研科普基地"在莱阳挂牌(图1-24,图1-25)。2014年,莱阳被原国土资源部认定为国家重点保护古生物化石集中产地。2016年,山东莱阳白垩纪国家地质公园博物馆建成对外开放。科考队利用在2号地点第三化石层不足200 m²的区域内新发现的化石,组装了4具完整的杨氏莱阳龙和棘鼻青岛龙的骨架,现展览于山东莱阳白垩纪国家地质公园博物馆内(图1-26)。

随着考察发掘工作的继续进行,以及化石修理和研究工作的逐渐开展,莱阳的恐龙等古生物化石的发现和

研究工作进入一个新的阶段。

1.2 山东莱阳白垩系地层及生物群

莱阳位于胶东半岛中部,属于胶莱(莱诸)盆地,隶属于华北地层大区、晋冀鲁豫地层区、鲁东地层分区、莱阳-海阳地层小区。区内地层发育,出露规模较大,广泛发育中生代白垩纪陆相沉积地层和陆相火山地层、部分古元古界基底变质岩系及第四系等,其中中生代地层尤其是白垩系地层非常发育,出露连续且相对完整,包括下白垩统莱阳群、青山群和上白垩统王氏群,地质时代距今1.3亿年~7 000万年(Wang et al., 2012)(图1-27)。

1.2.1 下白垩统莱阳群和青山群及热河生物群

下白垩统莱阳群(距今130~120 Ma)以灰色、灰绿色页岩等湖泊沉积为主(Wang et al., 2012)(图1-28),已发现的化石类群主要有植物、昆虫及叶肢介等无脊椎动物和恐龙脚印化石等(周赞恒,1923;Grabau,1923;Young,1960;张俊峰,1992;李日辉,张光威,2000,2001);该地层标准剖面位于莱阳市瓦屋夼-修家沟一带,自下而上分为瓦屋夼组、林寺山组、止凤庄组、水南组、龙旺庄组和曲格庄组(胡承志等,2001)。

图1-24　莱阳古生物夏令营

（a）2014年，汪筱林在2号遗址馆给第七届海峡两岸大学生古生物夏令营的同学们作讲解；（b）科考队带领夏令营的同学们穿越莱阳恐龙峡谷；（c）汪筱林给夏令营的同学们示范莱阳群页岩化石的发掘方法；（d）夏令营的同学们自己动手打包"皮劳克"。

图1-25　中国科学院古脊椎动物与古人类研究所莱阳科研科普基地揭牌仪式（左为周忠和院士，右为时任莱阳市副市长邹常厚）

图1-26　莱阳白垩纪国家地质公园博物馆（上）及其内展出的成年和幼年棘鼻青岛龙骨架（化石和模型）

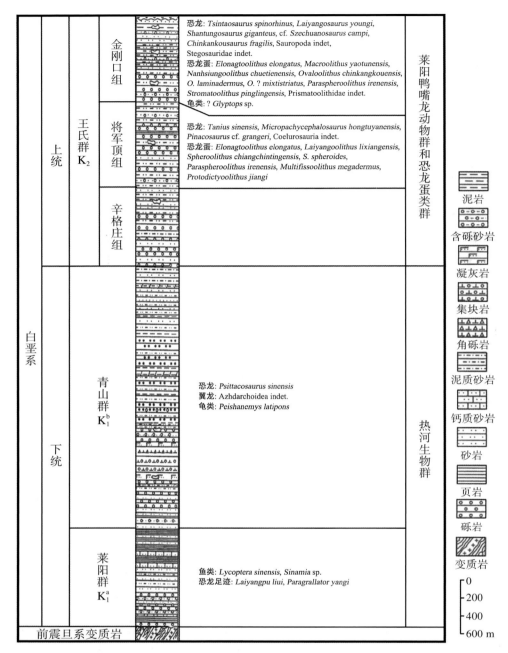

图1-27　莱阳白垩系地层层序与脊椎动物化石群（修改自汪筱林等，2010）

青山群（110～100 Ma）为一套厚度巨大的火山-河流相沉积地层（Wang et al.，2012），由后夼组、八亩地组、石前庄组组成。其中发现了鹦鹉嘴龙（杨钟健，1958；赵喜进，1962）、翼龙（杨钟健，1958；Zhou，2010；Song et al.，2023）、北山龟（*Peishanemys*）（周明镇，1954a）等（图1-29，图1-30）。

莱阳地区早白垩世莱阳群和青山群的生物群面貌相当于我国著名的热河生物群（汪筱林等，2010）。这一生物群的核心分布区在辽西及其周边的冀北和内蒙古东南部，其中包含大量的鱼类、两栖类、爬行类（蜥蜴类、龟类、离龙类、翼龙类、恐龙类）、鸟类和哺乳类等，尤其带毛恐龙、鸟

类、翼龙和哺乳动物等的发现一次次轰动世界，在鸟类的起源与演化、羽毛和飞行的起源、哺乳动物的早期演化、翼龙的演化与辐射等方面取得了举世瞩目的重要成果。

莱阳群中的热河生物群的主要化石类群已被发现和详细描述的，包括鱼类（图1-31）、昆虫及植物等。其中鱼类包括中华狼鳍鱼（*Lycoptera sinensis*）和中华弓鳍鱼（*Sinamia* sp.），这些鱼类化石最早也是在莱阳地区被发现的。莱阳群的昆虫、叶肢介等无脊椎动物以及植物化石都非常丰富。已被研究的植物化石包括约20属34种，而目前已发表的昆虫化石的数量则超过了160种。此外，莱

图1-28　莱阳群湖相页岩及化石富集层（北泊子）

图1-29　青山群火山沉积地层

图1-30　青山群河湖相红层（西孙家夼）

阳群还发现了恐龙脚印化石，其中包括刘氏莱阳足迹和杨氏拟跷脚龙足迹等。

　　莱阳地区的青山群中已经发现龟鳖类、翼龙类、鹦鹉嘴龙和蜥脚类恐龙等化石，同时青山群也是我国最早发现翼龙化石的层位。其中鹦鹉嘴龙等化石是热河生物群的主要化石类型之一，青山群中发现的鹦鹉嘴龙有中国鹦鹉嘴龙（杨钟健，1958）（图1-32）。青山群中已记述的脊椎动物化石还包括翼龙类的神龙翼龙超科成员，杨钟健（1958）

最早报道了莱阳翼龙化石的发现，但当时并未确定其为翼龙化石，后来在研究了魏氏准噶尔翼龙之后，确认了莱阳标本属于翼龙。最近，蒋顺兴和宋俊逸等（2023）对这些翼龙化石进行了再研究，重新厘定其分类位置，并将其归入神龙翼龙超科（图1-33）。周长付（2010）还报道了发现于莱阳柏林庄镇臧家疃村附近青山群地层中的翼龙化石，并将其归入神龙翼龙科。此外，莱阳青山群地层中发现有龟鳖类的宽边北山龟（周明镇，1954b）（图1-34）。

图1-31　莱阳群的狼鳍鱼化石

图1-32　青山群的中国鹦鹉嘴龙化石（展示于中国古动物馆）

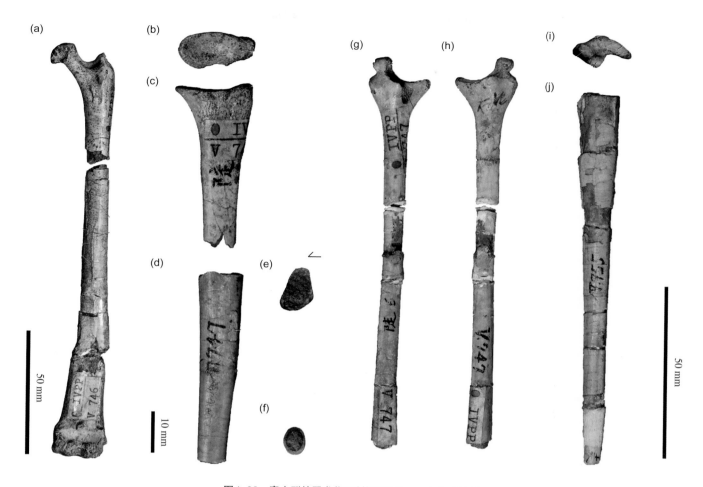

图1-33　青山群的翼龙化石（修改自Song et al., 2023）
（a）股骨（IVPP V 746）；（b），（c）第二翼指骨（IVPP V 746）；（d）-（f）胫跗骨（IVPP V 747）；（g）-（i）第一翼指骨（IVPP V 747）；（j）胫跗骨（IVPP V 755）；（a），（g）-（j）比例尺为50 mm；（b）-（f）比例尺为10 mm。

图1-34　青山群的宽边北山龟化石

1.2.2　上白垩统王氏群及莱阳鸭嘴龙动物群和恐龙蛋化石群

　　莱阳地区的上白垩统王氏群（80～70 Ma）地层主要分布于文笔峰、天桥屯、将军顶和金岗口等地，是一套以红色砂岩、粉砂岩和泥岩为主的河湖相沉积地层，由下到上依次为：辛格庄组、将军顶组和金刚口组（胡承志等，2001）。

　　最下层的辛格庄组于1967年由刘明渭等创名，1995年程政武、胡承志、方晓思做了修订，命名地点在莱阳市西南3 km处的辛格庄村，在莱阳水沐头-金岗口剖面，厚816.8 m。在莱阳地区辛格庄组与下伏的青山群陡山组呈整合接触，主要岩性为棕红、紫灰、棕黄色粉砂质泥岩、泥质粉砂岩、含砾砂岩和砾岩，莱阳地区的辛格庄组地层中化石并不多见（胡承志等，2001）。

　　将军顶组于1995年由程政武、胡承志、方晓思创名于莱阳市西南7 km天桥屯的将军顶，命名剖面为莱阳水沐头-金岗口剖面，厚1 001.3 m（图1-35）。将军顶组与上覆金刚口组和下伏辛格庄组，均呈整合接触，主要岩性为

图1-35 将军顶组陆相地层

紫灰、棕红色泥质粉砂岩、砂岩、含砾砂岩与浅棕、紫灰色砾岩互层或呈夹层，中部砾石较多。该组含丰富的恐龙化石和恐龙蛋化石，以及双壳类、孢粉等无脊椎动物和植物化石。

金刚口组于1994年由刘明渭等命名，1995年程政武等引用并作了适当修订，命名地点在莱阳市西南12 km吕格庄镇金岗口村，命名剖面为莱阳水沐头-金岗口剖面（图1-36）。金刚口组在莱阳厚681.1 m，为莱阳地区王氏群的最高地层，与上覆古近系呈不整合或假整合接触，与下伏将军顶组呈整合接触，主要岩性为棕红、紫褐色泥岩、粉沙质泥岩、泥质粉砂岩夹灰、灰紫色砂岩、含砾砂岩及砾岩，夹灰白、灰绿色砂岩、砂泥岩等（胡承志等，2001）。闫峻和陈江峰（2005）通过对胶州大西庄的红土崖组（大致相当于莱阳的将军顶组和金刚口组）上部的玄武岩进行$^{40}Ar \sim ^{39}Ar$测年，得到其同位素年龄为73 Ma，属于晚白垩世坎潘期（Campanian）。该组含有丰富的恐龙等脊椎动物和恐龙蛋化石，以及无脊椎动物和植物化石。

莱阳地区王氏群的古生物化石主要集中产出于将军顶组和金刚口组中，其中将军顶组的化石主要包括恐龙类的中国谭氏龙、红土崖小肿头龙、似格氏绘龙和兽脚类，以及大量的蛋化石如将军顶圆形蛋、厚皮圆形蛋、二连副圆形蛋等；同时还包含丰富的无脊椎动物和植物化石，有双壳类、孢粉等。

金刚口组的化石主要包括：恐龙类的棘鼻青岛龙、杨氏莱阳龙、似甘氏四川龙、破碎金刚口龙、红土崖小肿头龙和镂龟等；大量恐龙蛋化石，如二连副圆形蛋、薄皮椭圆形蛋和金刚口椭圆形蛋等；丰富的无脊椎动物和植物化石，如双壳类、腹足类、介形类和孢粉等化石。

莱阳地区将军顶组和金刚口组中蕴藏着大量以鸭嘴龙超科恐龙为代表的脊椎动物化石和恐龙蛋化石等，它们组成晚白垩世莱阳鸭嘴龙动物群和恐龙蛋化石群（汪筱林等，2010）（图1-37）。

图1-36　金刚口组陆相地层及峡谷

图1-37　晚白垩世莱阳鸭嘴龙动物群和恐龙蛋化石群生态复原图

鸭嘴龙超科(Hadrosauriodae)是一类生活在白垩纪末期的种类繁多、数量巨大的大型陆生植食性恐龙,是鸟臀目鸟脚类中演化最为成功的一支(You et al., 2003; Horner et al., 2004; Prieto-Márquez, 2010a)。鸭嘴龙超科恐龙最明显的特征为头部扁长并具形似鸭嘴的吻部,故而得名;同时鸭嘴龙超科恐龙具有复杂的齿列和强大的咀嚼系统(Lund and Gate, 2006; Prieto-Márquez, 2010a)(图2-1),其数百颗紧密排布的牙齿,每个齿位有3～5个替换齿(图2-2)。此外,鸭嘴龙超科恐龙的另一个重要特征是有些种类的头部具有形态各异的头饰结构,这些头饰由鼻骨和前上颌骨围成,是重要的形态学和分类学证据。

鸭嘴龙超科的系统分类学定义为包含诺曼马鬃龙(*Equijubus normani*)和沃克氏副栉龙(*Parasaurolophus walkeri*)的最小演化支(You et al., 2003a; Sereno, 2005),本书所用鸭嘴龙类无特殊说明都代表鸭嘴龙超科的成员。鸭嘴龙超科包含较原始的基干类群(basal hadrosauroids 或 non-hadrosaurid hadrosauroids)和较进步的鸭嘴龙科(Hadrosauridae)。部分鸭嘴龙科成员具有形态各异的头饰结构,头饰形态是鸭嘴龙科的重要分类依据之一,平头的和具有实心头饰的成员归于栉龙亚科(Saurolophinae),而具有空心头饰的成员被归于赖氏龙亚科(Lambeosaurinae)(Horner et al., 2004; Prieto-Márquez, 2010b)(图2-3)。

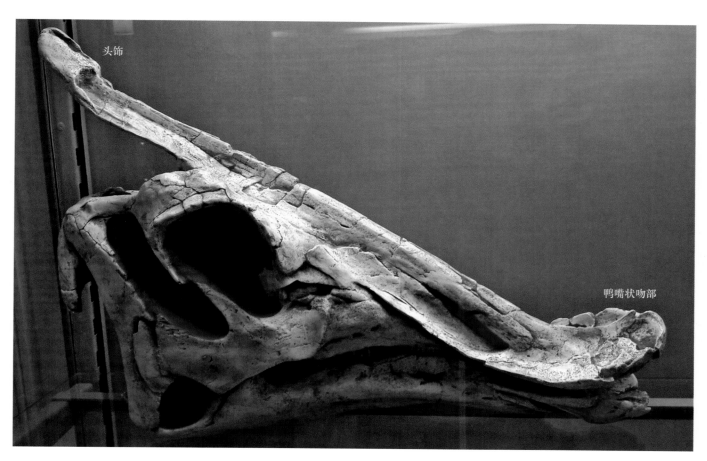

头饰

鸭嘴状吻部

图2-1 栉龙(*Saurolophus*)头骨(现存于瑞典乌普萨拉大学)

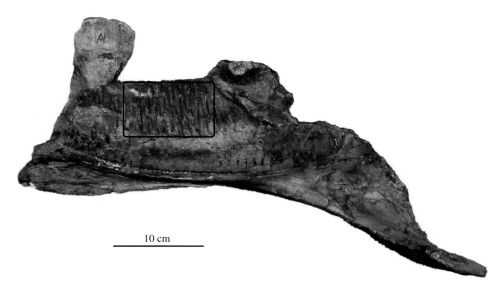

图2-2 青岛龙齿骨（方框处为齿列）

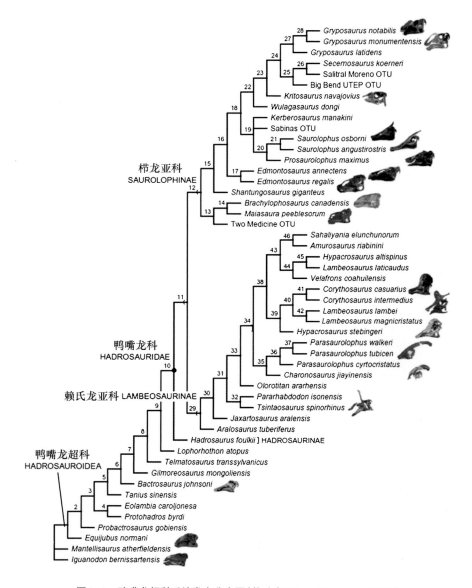

图2-3 鸭嘴龙超科系统发育分支图（修改自Prieto-Márquez，2010b）

2.1 鸭嘴龙超科研究简史

鸭嘴龙超科成员的化石在全世界分布广泛,自从Leidy(1858)报道了在美国新泽西州发现的第一个较完整的鸭嘴龙类佛克鸭嘴龙(*Hadrosaurus foulkii*)之后,在亚洲、美洲、欧洲、非洲和南极洲等白垩系地层中均有发现(Lund and Gates, 2006; Prieto-Márquez, 2010a; Mateus et al., 2012; Xing et al., 2014a)。鸭嘴龙类的标本不仅数量众多,而且保存形式十分多样,包括大量关联和分散的成年和幼年个体的标本、蛋化石、胚胎化石和新生个体的化石,以及足迹和皮肤印痕化石,甚至粪便化石(Horner et al., 2004; Lund and Gates, 2006; Prieto-Márquez, 2010a)。目前发现的最早的鸭嘴龙超科恐龙出现于早白垩世巴雷姆期(Barremian),而发展到晚白垩世的晚坎潘期(Campanian)至早马斯特里赫特期(Maastrichtian)期间最为繁盛,种群分异度最大(Horner et al., 2004)。

2.1.1 北美洲鸭嘴龙超科发现与研究历史

世界上最早的鸭嘴龙超科化石发现于美国,1856年Leidy通过研究蒙大拿州和南达科他州的一些标本命名了奇异糙齿龙(*Trachodon mirabilis*)(Leidy, 1856a)和西方强龙(*Thespesius occidentalis*)(Leidy, 1856b)。随后,1858年,在新泽西州哈登菲尔德镇的伍德伯里层的白垩纪泥灰岩中发现了一些化石,包括牙齿、破碎的下颌骨、许多椎体和部分肢骨(图2-4)。Foulke和Leidy对这些标本进行了描述和报道,Foulke对晚白垩世新泽西的古生态进行了详细的分析(Foulke, 1959),Leidy对这些标本进行了详细的描述并为了表示对Foulke的尊重将这些标本命名为佛克鸭嘴龙(*Hadrosaurus foulkii*)(Leidy, 1858)。虽然佛克鸭嘴龙是鸭嘴龙科(Hadrosauridae Cope, 1869)和鸭嘴龙亚科(Hadrosaurinae Cope, 1869)的模式种,但由于其没有完整头骨的发现,没有明确的自近裔特征和

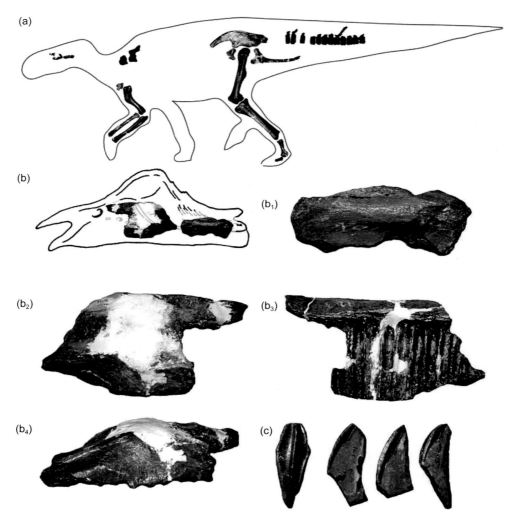

图2-4 佛克鸭嘴龙(*Hadrosaurus foulkii*)骨骼(修改自Prieto-Márquez, 2006)
(a)佛克鸭嘴龙骨骼;(b)佛克鸭嘴龙上颌骨,(b$_1$-b$_4$)上颌骨碎片;(c)佛克鸭嘴龙上颌骨齿。

可以将其与其他鸭嘴龙科成员区分开来的特征组合，因此许多科学家认为鸭嘴龙是个疑名（Horner et al., 2004），但他们仍然承认鸭嘴龙科和鸭嘴龙亚科。

1871年，Marsh在美国堪萨斯州西部奈厄布勒组的烟山河白垩层发现了一些头后骨骼和破碎的头骨，1872年将其命名为敏捷鸭嘴龙（*Hadrosaurus agilis*）（Marsh, 1872）。由于随后发现了新的鸭嘴龙科材料，使Marsh（1890）认识到敏捷鸭嘴龙代表了一个新属新种，他将其命名为敏捷破碎龙（*Claosaurus agilis*）。敏捷破碎龙大小仅相当于佛克鸭嘴龙的三分之一，骨骼比例更细长，具有较小的颈椎。

1891年，J. B. Hatcher在美国怀俄明州奈厄布勒郡的兰斯组收集了两个头骨。1892年，Marsh将它们命名为新种，连接破碎龙（*Claosaurus annectens*）（March 1892）。1882年，J. L. Wortman和R. S. Hill在南达科他州的黑山北侧的兰斯组地层中找到了一个完整的鸭嘴龙类骨架AMNH 5730，后经Cope研究将其归于Leidy命名的奇异糙齿龙（*Trachodon mirabilis*），后Cope认为Leidy完全放弃了糙齿龙这个名称，就将其改名为奇异双芽龙（*Diclonius mirabilis*）（Cope, 1876）。1904年，B. Brown和P. Kaisen在蒙大拿州的兰斯组中收集到这个种的第二件完整骨架AMNH 5886，认定其为奇异双芽龙的副型（Lund and Gates, 2006）。这两具骨架现都展览于美国自然历史博物馆，正型标本被摆放成四足行走姿势，副型被摆放成两足行走姿势。1942年，Lull和Wright将Marsh的连接破碎龙归于新属连接鸭龙（*Anatosaurus annectens*），以消除那些形态相似的平头鸭嘴龙类的不同命名所造成的混乱，同时他们将奇异双芽龙归于这一属，并建立了新种科氏鸭龙（*Anatosaurus copei*）（Lull and Wright, 1942）。后来Brett-Surman（1979）认为连接鸭龙是幼年帝王埃德蒙顿龙（*Edmontosaurus regalis*）的同物异名，应归于埃德蒙顿龙属（*Edmontosaurus*）。1990年，Chapman和Brett-Surman发现科氏鸭龙与埃德蒙顿龙属有一些明显的区别，故建立了新属大鸭龙属（*Anatotitan*），废除了鸭龙属（*Anatosaurus*），并将其重新归类于科氏大鸭龙（*Anatotitan copei*）（Chapman and Brett-Surman, 1990）。

1917年，Lambe描述了1912年L. Sternberg在加拿大艾伯塔省的马蹄峡谷组发现的一个完整头骨和近于完整的头后骨架NMC 2288，将其命名为帝王埃德蒙顿龙（*Edmontosaurus regalis*）（Lambe, 1917a）。Sternberg（1926）描述了他于1921年在加拿大萨斯喀彻温省法国人组发现的标本，将其命名为萨斯喀彻温强龙（*Thespesius saskatchewanensis*），后于1942年被Lull和Wright（1942）归于鸭龙属，命名为萨斯喀彻温鸭龙（*Anatosaurus saskatchewanensis*），但Russell和Chamney（1967）认为其属于埃德蒙顿龙属，更名为萨斯喀彻温埃德蒙顿龙（*Edmontosaurus saskatchewanensis*）。

1904年，Brown在美国新墨西哥州圣胡安县近白杨山发现了一个不完整的头骨AMNH 5799，后研究命名为纳瓦霍分离龙（*Kritosaurus navajovius*）（Brown, 1910）。这一标本缺少两个关键自近裔特征要素：鼻骨和前上颌骨，因此Hunt和Lucas（1933）认为纳瓦霍分离龙是疑名。1992年，杨柏翰大学在新墨西哥州西北部的Kimbeto Arroyo的嘉德兰组发现了一个不完整的头骨BYU 12950，经Horner研究并将其作为纳瓦霍分离龙的正型标本的补充（Horner, 1992）。Hunt和Lucas（1993）描述了同一标本，建立了新属新种霍氏阿纳萨齐龙（*Anasazisaurus horneri*）。Horner（1992）研究了D. D. Gillette和D. Thomas在新墨西哥州西北部的嘉德兰组发现的一个不完整头骨NMMNH P-16106，将其归于纳瓦霍分离龙。Hunt和Lucas（1993）认为这一标本的分类位置有误，建立了新属新种奥氏纳秀毕吐龙（*Naashoibitosaurus ostromi*）。

1914年，Lambe描述了G. F. Sternberg于1913年在加拿大艾伯塔省雷德迪尔河附近恐龙公园组发现的一个头颅骨及部分骨骼NMC 2278，将其命名为独特钩鼻龙（*Gryposaurus notabilis*）（Lambe, 1914）。Parks（1920）研究了同产于恐龙公园组的标本ROM 764，将其命名为内弯手钩鼻龙（*Gryposaurus incurvimanus*）。Horner（1992）研究了发现于美国蒙大拿州庞多雷县双麦迪逊组的一个近乎完整的骨架AMNH 5465，将其命名为宽齿钩鼻龙（*Gryposaurus latidens*）。由于钩鼻龙与分离龙有相似的下颌和鼻后头骨，但又发现于不同时代和不同地点，因此它们之间的关系也较混乱。钩鼻龙被发现后Brown（1914a）按照独特钩鼻龙重建了纳瓦霍分离龙的头骨，并认为钩鼻龙是分离龙的异名。Lull和Wright（1942）将所有钩鼻龙归于分离龙。Horner（1992）认为属于分离龙的阿纳萨齐龙和纳秀毕吐龙的形态特征显示了与钩鼻龙的区别，将钩鼻龙从分离龙中分离出来。

1913年和1917年在加拿大艾伯塔省恐龙公园组发现了两个不完整的鸭嘴龙类头骨，Lambe最初将它们命名为缘边糙齿龙（*Trachodon marginatus*），1914年又将它们定为新属史蒂芬龙属（*Stephanosaurus*）（Lambe，1914）。Parks（1923）重新研究了这两个头骨，建立了新属新种赖氏赖氏龙（*Lambeosaurus lambei*）。Sternberg（1935）描述了他1919年在加拿大艾伯塔省恐龙公园组发现的一个完整的骨架，建立了新种大冠赖氏龙（*Lambeosaurus magnicristatus*）。Evans（2007）研究了2006年艾伯塔省Manyberries镇东南14 km处发现的一个完整的鸭嘴龙头骨和较完整的头后骨骼，并将其归于大冠赖氏龙。Morris（1981）研究了发现于墨西哥下加利福尼亚州的标本，将其命名为宽尾赖氏龙（*Lambeosaurus laticaudus*）。在2012年，宽尾赖氏龙被建立为新属巨保罗龙（*Magnapaulia*）（Prieto-Márquez et al.，2012）。Marsh（1889）研究了1888年J. B. Hartcher在美国蒙大拿州费戈斯镇的朱迪斯河组发现的标本，将其命名为少齿鸭嘴龙（*Hadrosaurus paucidens*），Ostrom（1964）重新研究了这个标本，认为其应归于赖氏龙，建立了新种少齿赖氏龙（*Lambeosaurus paucidens*），近期研究认为其是疑名（Horner et al.，2004）。

1910年，美国自然历史博物馆在加拿大艾伯塔省的马蹄山谷组中发现了一些头后骨骼标本，Brown（1913）研究发现其背椎的神经脊的高度是椎体高度的5～7倍，将其命名为高棘亚冠龙（*Hypacrosaurus altispinus*）。Gilmore（1924）用一个近型头骨补充了Brown的原始描述的特征。Lambe（1917b）研究了1915年G. F. Stemberg在艾伯塔省的马蹄山谷组中发现的一个小头骨和头后骨骼标本NMC 2246，将其命名为鹅龙（*Cheneosaurus*）。Nopcsa（1933）首次提出鹅龙可能是亚冠龙的幼年个体，此后也得到了证实。Horner和Currie（1994）研究了发现于蒙大拿州冰河镇双麦迪逊组的成年个体的完整头骨ROM 549，将其命名为斯氏亚冠龙（*Hypacrosaurus stebingeri*）。

1914年，Brown在加拿大艾伯塔省恐龙公园组发现了一个近于完整的恐龙骨架AMNH 5240，研究后将其命名为鹤鸵盔龙（*Corythosaurus casuarius*）（Brown，1914b）。目前只有这一种盔龙被认为是有效的。

1922年，Parks研究了1921年L.Sternberg在加拿大艾伯塔省的南部发现的新标本，将其命名为沃克氏副栉龙（*Parasaurolophus walkeri*）（Parks，1922），它与其他赖氏龙不同，有一个近1 m长的管状头饰从鼻部延伸至头后。1921年，C. H. Sternberg在美国新墨西哥州圣胡安县的基特兰德组发现了一个并不完整的头骨，Wiman（1931）研究后建立了新种小号手副栉龙（*Parasaurolophus tubicen*）。Ostrom（1961）研究了1923年发现于新墨西哥

州圣胡安县的基特兰德组的一个近于完整的骨架FMNH P27393，建立了一个新种短冠副栉龙（*Parasaurolophus cyrtocristatus*）。Weishampel和Jensen（1979）在美国犹他州加菲尔德县的凯帕罗维茨组发现了一个副栉龙的部分头骨BYU 2467，后来通过对凯帕罗维茨组发现的新标本UCMP 143270的研究，证明BYU 2467属于短冠副栉龙。

1936年，Sternberg在加拿大艾伯塔省的老人组发现了一个头骨和不完整的头后骨骼NMC 8893，最初他认为这个标本是钩鼻龙（*Gryposaurus*）的一个新种，1953年发现这一标本与钩鼻龙存在一些区别，将其命名为加拿大短冠龙（*Brachylophosaurus canadensis*）（Sternberg，1953）。Horner（1988）研究了1981年M. Goodwin在美国蒙大拿州的朱迪斯河组发现的一个部分头骨和不完整的头后骨骼UCMP 130139，建立了短冠龙的第2个种，古氏短冠龙（*Brachylophosaurus goodwini*）。Prieto-Márquez（2005）认为古氏短冠龙和加拿大短冠龙是同物异名。近年来在朱迪斯河组的骨床发现了很多保存有皮肤的木乃伊化的短冠龙标本。

1978年，M. Brandvold和她儿子D. Trexler在美国蒙大拿州西部的双麦迪逊组柳溪背斜的巨大骨层中发现了新的标本，Horner和Makela（1979）研究了这个近乎完整的头骨PU 22045，建立了新属新种皮氏慈母龙（*Maiasaura peeblesorum*）。目前已发现了200多个慈母龙标本，从胚胎到成年的各个阶段的个体都有保存。慈母龙是世界上被发现的第一种同蛋、巢及刚孵化的幼仔一起保存的鸭嘴龙类恐龙，使人们对恐龙的生殖生态行为、发育有了许多新的认识和推测。

1911年，美国自然历史博物馆在加拿大艾伯塔省的马蹄峡谷组发现了一个完整的带有皮肤的骨架AMNH 5220，Brown（1912）研究后将其命名为奥氏栉龙（*Saurolophus osborni*），这是第一个具有完整骨架的加拿大恐龙。

1915年，美国自然历史博物馆在加拿大艾伯塔省的恐龙公园组发现了一个完整头骨AMNH 5836，Brown（1916）研究后将其命名为巨原栉龙（*Prosaurolophus maximus*），意思是原始的*Saurolophus*（栉龙），其特征为头顶有一小的头饰，与栉龙的头饰类似，但小得多。Horner（1992）研究了发现于美国蒙大拿州冰河镇双麦迪逊组上部的标本MOR 454，建立了一个新种黑脚原栉龙（*Prosaurolophus blackfeetensis*）。

1946年，R. Zangerl与B. Turnbull在美国亚拉巴马州

达拉斯县的Mooreville白垩层中发现一个近乎完整的部分相连的鸭嘴龙类头骨FMNH P27383，其具有与原栉龙（*Prosaurolophus*）相似的向上的头饰，但头饰位置有所差别，Langston（1960）据此建立了新属新种奇特冠长鼻龙（*Lophorothon atopus*）。这是在美国西部内陆盆地发现的最完整的鸭嘴龙类。

1998年，Kirkland描述了发现于犹他州埃默里县雪松组的大型鸭嘴龙类化石，将其命名为卡萝尔琼斯原赖氏龙（*Eolambia caroljonesa*）（Kirkland，1998），此后在这一地层又相继发现数百具成年和幼年骨架。

1998年，Head描述并命名了一种较原始的鸭嘴龙类——伯德氏始鸭嘴龙（*Protohadros byrdi*）该化石发现于得克萨斯州登顿郡Woodbine组地层中，包括部分头骨、肋骨和肢骨（Head，1998）。

2009年，Wagner和Lehman描述了发现于美国得克萨斯州大弯国家公园的阿古哈组的一个前端极度向下弯曲的鸭嘴龙类上颌骨标本，将其命名为达氏弯嚼龙（*Angulomastacator daviesi*）（Wagner and Lehman，2009）。

2010年，Wolfe和Kirkland命名了一种发现于新墨西哥州Moreno Hill组地层中的鸭嘴龙类恐龙，褶目研颌龙（*Jeyawati rugoculus*），正型标本MSM P 4166，包括部分头骨、脊椎和肋骨碎片（Mcdonald et al.，2010）。

北美洲是最早发现鸭嘴龙超科化石的地区，同时，也是发现鸭嘴龙超科化石最多、种类最丰富的地区。目前，北美洲已被描述的鸭嘴龙超科的有效属种共23属31种，鸭嘴龙超科基干类群和鸭嘴龙科的成员均有包含，其中鸭嘴龙超科基干类群相对较少，而鸭嘴龙科的两个亚科都极度多样化。

2.1.2 亚洲鸭嘴龙超科发现与研究历史

亚洲最早的鸭嘴龙超科化石发现于1914年中国黑龙江边的嘉荫，Riabinin（1930a）描述并将其命名为阿穆尔满洲龙（*Mandschurosaurus amurensis*）。此后在中国发现了大量的鸭嘴龙超科成员的化石，这一部分将在随后单独介绍，这里先介绍亚洲其他国家的鸭嘴龙超科化石的发现和研究历史。

1984年，在与嘉荫相邻的俄罗斯远东地区阿穆尔州的布拉戈维申斯克（海兰泡）市郊发现了丰富的骨骼化石层，Bolotsky和Kurzanov（1991）研究了这里发现的赖氏龙亚科标本，将其命名为李氏阿穆尔龙（*Amurosaurus riabinini*）。Godefroit等（2003）研究了发现于俄罗斯阿穆尔州黑龙江流域Kundur地区的赖氏龙标本，将其命名为

阿尔哈拉扇冠大天鹅龙（*Olorotitan arharensis*），这是目前俄罗斯发现的最完整的鸭嘴龙类。Godefroit和Bolotsky（2004）命名了这一地点发现的属于鸭嘴龙亚科的标本，曼氏冥犬龙（*Kerberosaurus manakini*）。

1934年，在库页岛（萨哈林岛）发现了一个鸭嘴龙类个体，标本包括保存残破的头骨和部分头后骨骼，Nagao（1936）研究后将其命名为萨哈林日本龙（*Nipponosaurus sachalinensis*），将其归于赖氏龙亚科，Suzuki（2004）重新研究后认为日本龙为北美的高棘亚冠龙（*Hypacrosaurus altispinus*）的姐妹群。

1957—1967年苏联科考队在今哈萨克斯坦的Shakh-Shakh发现了三个完整的头骨，Rozhdestvensky（1968）研究后将其命名为突吻咸海龙（*Aralosaurus tubiferous*），说服原鹅龙（*Procheneosaurus convincens*）和咸海牙克煞龙（*Jaxartosaurus aralensis*）。Rozhdestvensky（1968）最初认为咸海龙（*Aralosaurus*）与钩鼻龙（*Gryposaurus*）亲缘关系很近，现在咸海龙被认为是一种较原始的赖氏龙亚科成员（Godefroit et al.，2004）。牙克煞龙（*Jaxartosaurus*）由于独特的头顶形态被确认为是赖氏龙亚科的成员。说服原鹅龙因为其标本是一个未成年个体，所以其分类位置一直存在争议，Bell和Brink（2013）认为其与其他赖氏龙亚科青少年个体相比有其独有的特征，将其命名为新属种说服哈萨克赖氏龙（*Kazaklambia convincens*）。

1948年，苏联科考队在蒙古耐梅盖特组发现了一些鸭嘴龙类骨架，Rozhdestvensky（1952）基于这些标本与北美的奥氏栉龙（*Saurolophus osborni*）头骨有微小的区别，建立了新种窄吻栉龙（*Saurolophus angustirostris*），由于其化石很多且包括了不同生长阶段的标本，窄吻栉龙已成为亚洲最著名的鸭嘴龙类恐龙之一，栉龙也成为唯一一一种在亚洲和美洲都有发现的鸭嘴龙类恐龙。Gradzinski和Jerzykiewicz（1972）研究了1970年蒙古耐梅盖特组的标本，最初被归于窄吻栉龙，Maryanska和Osmolska（1981）根据其背椎和腰带的一些特征，将其命名为斯氏巴思钵氏龙（*Barsboldia sicinskii*）。

亚洲的鸭嘴龙超科化石的多样性仅次于北美洲，已描述的鸭嘴龙超科的有效属种超过26种，其中大部分发现于中国。亚洲的鸭嘴龙超科成员以鸭嘴龙超科基干类群和赖氏龙亚科基干类群为主，栉龙亚科中埃德蒙顿族成员最为丰富。

2.1.3 欧洲鸭嘴龙超科发现与研究历史

1900年，在罗马尼亚Nopcsa家族的领地发现了鸭嘴

龙类化石，Nopcsa（1903）描述了这些标本并将其命名为沼泽龙（*Limnosaurus*），但由于这一属名已被一种鳄鱼占用，因此将其改名为特兰西瓦尼亚沼泽龙（*Telmatosaurus transylvanicus*），Weishampel 等（1993）认为其是鸭嘴龙科最原始的成员。

1993年，Casanovas 等描述了在西班牙北部发现的一种鸭嘴龙类恐龙，将其命名为伊索纳似凹齿龙（*Pararhabdodon isonensis*）（Casanovas et al.，1993），目前被认为是一种原始的赖氏龙亚科成员。Casanovas 等（1999）描述了在西班牙加泰罗尼亚莱里达的 Tremp 盆地的晚白垩纪地层中发现的一些鸭嘴龙类化石，将其归于伊索纳似凹齿龙；Prieto-Márquez 等（2006）重新研究了这些标本，并认为其中一个较为完整的齿骨并不属于伊索纳似凹齿龙，建立了新属新种匙龙（*Koutalisaurus kohlerorum*）；Prieto-Márquez 和 Wanger（2019）对伊索纳似凹齿龙和匙龙进行了再研究，认为匙龙是伊索纳似凹齿龙幼年个体的同物异名，且伊索纳似凹齿龙与棘鼻青岛龙（*Tsintaosaurus spinorhinus*）位于同一分支，属于赖氏龙亚科的基干成员。

2009年，Pereda-Suberbiola 等描述了发现于西班牙比利牛斯山区阿伦的晚白垩世地层中的鸭嘴龙类化石，建立了新属新种阿氏艾瑞龙（*Arenysaurus ardevoli*）（Pereda-Suberbiola et al.，2009），并将其归于赖氏龙亚科。

欧洲的鸭嘴龙超科化石相对较少，主要为鸭嘴龙超科基干类群和赖氏龙亚科基干类群成员。

2.1.4 南美洲和南极洲鸭嘴龙超科发现与研究历史

1923年，菲尔德自然博物馆的 J. B. Abbott 在阿根廷的圣乔治组发现了一个不完整的鸭嘴龙类骨架 FMNH P13426，Brett-Surman（1979）研究了这些标本，将其命名为科氏独孤龙（*Secernosaurus koernieri*）。Bonaparte（1984）研究了在阿根廷巴塔哥尼亚内格罗河的洛斯阿拉密托斯组发现的鸭嘴龙类化石，将其命名为南方分离龙（*Kritosaurus australis*），这一标本同时显示了鸭嘴龙亚科和赖氏龙亚科的特征。

2000年，Case 报道了南极洲发现的第一个鸭嘴龙类化石，一枚颊齿 MLP 98-I-10-1（Case et al.，2000）。

2010年，一些发现于阿根廷里奥内格罗省晚白垩世 Allen 组地层的鸭嘴龙类化石被命名为萨利特拉尔南似鸭龙（*Willinakaqe salitralensis*）（Juárez Valieri et al.，2010）。

南美洲的鸭嘴龙超科化石较少，均为栉龙亚科的分离龙族成员。

2.2 鸭嘴龙超科分类

Cope（1869）建立了鸭嘴龙科（Hadrosauridae）。Brown（1914）提出了早期的分类方案，将其分成糙齿龙亚科（Trachodontinae）和栉龙亚科（Saurolophinae）两个亚科，前者为平头鸭嘴龙，后者头上具有明显的顶饰。Lambe（1920）又将鸭嘴龙科分成了 3 个亚科，即平头的鸭嘴龙亚科（Hadrosaurinae），具有实心头饰的栉龙亚科（Saurolophinae），以及具有空心头饰的史蒂芬龙亚科（Stephanosaurinae）。Parks（1923）废除了史蒂芬龙属（*Stephanosaurus*）（Lambe，1914），并建立了新属新种赖氏赖氏龙（*Lambeosaurus lambei*），因此用赖氏龙亚科（Lambeosaurinae）取代史蒂芬龙亚科（Stephanosaurinae）作为具有空心头饰的鸭嘴龙的亚科名称。

此后，随着鸭嘴龙化石被广泛而大量地发现，许多学者相继提出了自己的分类方案。Lull 和 Wright（1942）系统研究了鸭嘴龙科形态特征和分类关系及其演化发展历史，将鸭嘴龙科分成两大类群（图 2-5），将平头的鸭嘴龙亚科和具有实心头饰的栉龙亚科合并成鸭嘴龙亚科，而具有空心头饰的鹅龙亚科（Cheneosaurinae）和赖氏龙亚科合并成赖氏龙亚科，这一分类方案被之后的研究者广泛接受使用（Sternberg，1954；Hopson，1975；Brett-Surman，1979）。

但是 Huene（1956）将一些与禽龙（*Iguanodon*）相比更接近鸭嘴龙的较原始的成员归于鸭嘴龙类，并建立了原鸭嘴龙科（Prohadrosauridae），此外将原来鸭嘴龙科的亚科全部提升为科级分类单元，分别为：鸭嘴龙科（Hadrosauridae）、栉龙科（Saurolophidae）、鹅龙科（Cheneosauridae）和赖氏龙科（Lambeosauridae）。而后，杨钟健（1958）基本同意 Huene（1956）的分类方案，但略作修改，仍将鸭嘴龙类作为鸭嘴龙科，包括 4 个亚科：较原始的原鸭嘴龙亚科（Prohadrosaurinae），平头的鸭嘴龙亚科（Hadrosaurinae），具有棒状头饰的栉龙亚科（Saurolophinae）和具有盔状头饰的赖氏龙亚科（Lambeosaurinae）。

Norman（1984）和 Sereno（1986）最初对禽龙类的系统发育分析中，认为鸭嘴龙科是单系类群并且可分成鸭嘴龙亚科和赖氏龙亚科，而将鸭嘴龙科与一些较原始类群构成的单系类群归为鸭嘴龙超科（Hadrosauroidea）。此后，除了胡承志等（2001）的系统发育分析将栉龙亚科从鸭嘴龙亚科中分离出来之外，其他学者的系统发育分析结果均与以上观点大致相同（Gates et al.，2007；Godefroit et al.，1998，2008；Head，1998，2001；Horner

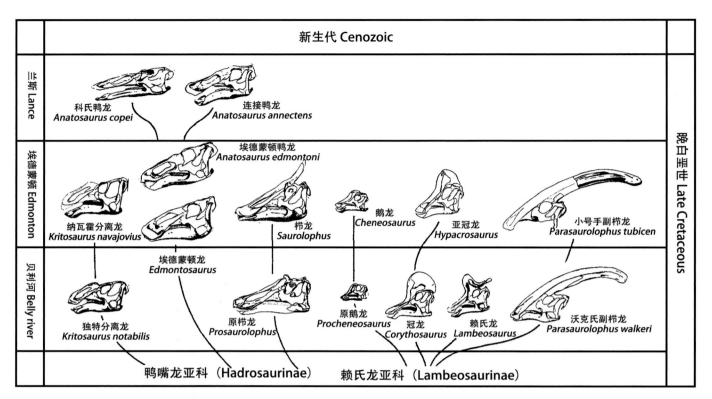

图2-5 鸭嘴龙科分类（修改自Lull and Wright，1942）

et al.，2004；Weishampel and Horner，1990；Weishampel et al.，1993；Prieto-Márquez et al.，2006；You et al.，2003a），都认为鸭嘴龙科可分为鸭嘴龙亚科和赖氏龙亚科，只是亚科内部各类群位置、鸭嘴龙科基干类群位置以及鸭嘴龙超科各基干类群位置都略有区别（图2-6）。Prieto-Márquez（2008，2010a）的系统发育分析结果将鸭嘴龙亚科的模式种*Hadrosaurus foulkii*分离出鸭嘴龙亚科，成为鸭嘴龙科的基干类群。因此将原来的鸭嘴龙亚科

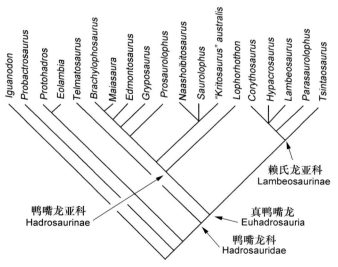

图2-6 鸭嘴龙科分类方案（修改自Horner et al.，2004）

更名为栉龙亚科，并与赖氏龙亚科互为姐妹群（图2-3）。Prieto-Márquez et al.（2016）建立了一种新的鸭嘴龙科基干成员黎明始糙齿龙（*Eotrachodon orientalis*），系统发育分析结果显示，其与栉龙亚科（Saurolophinae）和赖氏龙亚科（Lambeosaurinae）组成的单系类群——栉龙科（Saurolophidae）互为姐妹群，并与佛克鸭嘴龙（*Hadrosaurus foulkii*）共同构成鸭嘴龙科（Hadrosauridae）（图2-7）。由于本书涉及的一些文献中曾经或仍然使用鸭嘴龙亚科这一名词，故在本书中鸭嘴龙亚科等同于栉龙亚科。

2.3 中国鸭嘴龙超科属种

我国鸭嘴龙超科化石发现很多，最早的发现记录是1902年一名俄国军官在我国黑龙江嘉荫收集的零散骨骼。1914年，俄国地质学家在黑龙江嘉荫又进行了发掘，Riabinin（1930）研究后将其归于鸭嘴龙类，命名为阿穆尔满洲龙（*Mandschurosaurus amurensis*），目前陈列于俄罗斯圣彼得堡博物馆内，这也是在中国境内发现的第一个恐龙。同年Riabinin报道了另一种鸭嘴龙类克氏栉龙（*Saurolophus kristofovici*），由于标本保存很差，目前被认为是疑名（Horner et al.，2004）。1975年起，多个中国科研机构和博物馆多次对嘉荫的化石层进行了深入

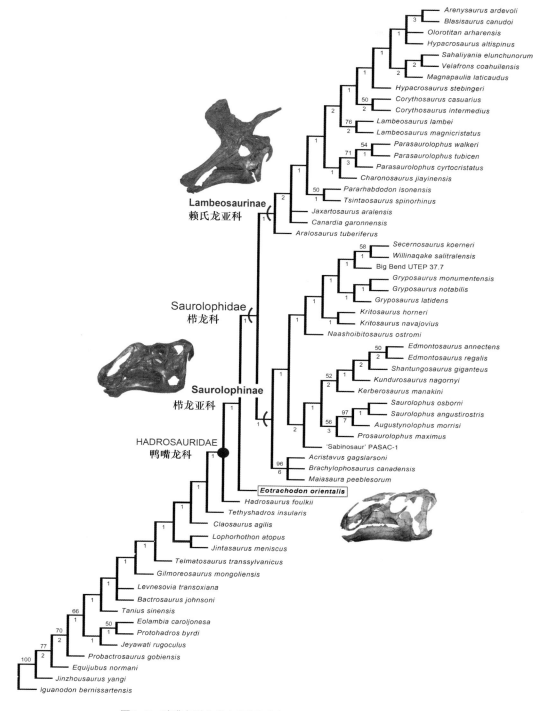

图2-7　鸭嘴龙科分类方案（修改自Prieto-Márquez et al., 2016）

的发掘，发现了一些新的鸭嘴龙类标本，Godefroit（2000）研究后将这些标本归于赖氏龙亚科，命名为嘉荫卡戎龙（*Charonosaurus jiayinensis*）（图2-8）。

2008年Godefroit研究了在黑龙江省乌拉嘎采石场发现的鸭嘴龙类化石，建立了两个新属新种：属于赖氏龙亚科的鄂伦春黑龙江龙（*Sahaliyania elunchunorum*），属于栉龙亚科的董氏乌拉嘎龙（*Wulagasaurus dongi*）（Godefroit

et al., 2008）。

1922年美国自然历史博物馆科考队在内蒙古二连浩特的Iren Dabasu组附近发现了许多鸭嘴龙类的幼年个体，Gilmore（1933）研究后将其命名为姜氏巴克龙（*Bactrosaurus johnsoni*）。距这一地点以东不到一英里的地方，科考队又发现了另一种鸭嘴龙类的标本，Gilmore（1933）研究后将其命名为蒙古满洲龙（*Mandschurosaurus*

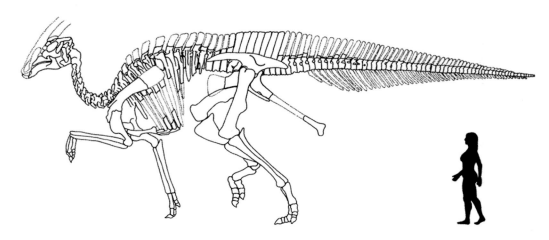

图2-8　嘉荫卡戎龙（*Charonosaurus jiayinensis*）骨架复原图（修改自Godefroit et al.，2000）

mongoliensis），后Brett-Surman（1979）将其改为蒙古计氏龙（*Gilmoreosaurus mongoliensis*）。

1959—1960年，中苏联合恐龙考察队在内蒙古阿拉善毛尔图戈壁地区采集一些鸟脚类化石，后经Rozhdestvensky（1966）鉴定后建立了原巴克龙（*Probactrosaurus*）一属两种戈壁原巴克龙（*P. gobiensis*）和阿拉善原巴克龙（*P. alashanicus*）；Norman（2002）则认为阿拉善原巴龙是戈壁原巴克龙的同物异名，两者形态学上的差异是由于埋藏过程中导致的变形，以及可能是性别和个体发育阶段的不同而造成的。Godefroit等（2005）研究了在内蒙古巴彦淖尔乌拉特后旗下白垩统巴音戈壁组发现的一个鸭嘴龙超科基干类群的右齿骨，将其命名为魏氏鸭颌龙（*Penelopognathus weishampeli*）。

1923年，中国地质学家谭锡畴在山东省莱阳县将军顶村西南的上白垩统王氏群红色黏土地层中发现一个不完整的头骨和部分头后骨骼（图2-9），Wiman（1929）研究了这些标本，并命名为中国谭氏龙（*Tanius sinensis*），其特征为头骨顶部平坦无装饰，荐椎包括9～11个愈合脊

椎和片状神经棘，荐椎腹面有深沟，这是中国学者发现的第一个恐龙。杨钟健（1959）研究了1951年他在山东莱阳金岗口村西沟的上白垩统王氏群地中发现的部分头后骨骼，包括10个颈椎，一部分背椎和荐椎与若干四肢骨等，建立了新种金刚口谭氏龙（*T. chingkankouensis*）。北京自然博物馆的甄朔南（1976）研究了1959年在莱阳金岗口发现的一个荐椎和一个不完整的右肠骨，将其命名为莱阳谭氏龙（*T. laiyangensis*）。由于标本不完整，后两种谭氏龙的有效性存在争议，被视为中国谭氏龙的同物异名。杨钟健（1958）描述了与金刚口谭氏龙一同被发现的另一种鸭嘴龙，棘鼻青岛龙（*Tsintaosaurus spinorhinus*），其最大的特征为头上有一个棒状的头饰向前上方伸展，这是新中国第一具恐龙骨架化石。胡承志（1973）研究了山东诸城王氏群中发现的鸭嘴龙类标本，将其命名为巨型山东龙（*Shantungosaurus giganteus*），体长有15 m多，是目前为止世界上最大的鸭嘴龙。

赵喜进分别于2007年和2011年命名了两种发现于山东龙产地的新的鸭嘴龙类恐龙：巨大诸城龙（*Zhuchengosaurus*

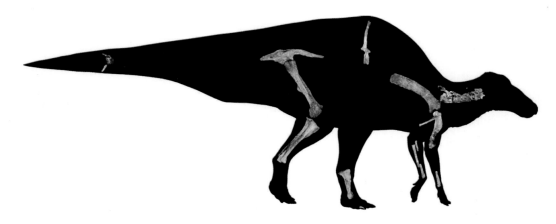

图2-9　中国谭氏龙骨骼化石位置图（Borinder，2015）

图2-10 杨氏锦州龙(*Jinzhousaurus yangi*)

maximus)(赵喜进等,2007)和巨大华夏龙(*Huaxiaosaurus aigahtens*)(赵喜进等,2011)。但目前这两种恐龙均被认为是巨型山东龙的同物异名。

2001年,汪筱林和徐星报道了发现于辽宁锦州义县头台乡白菜沟下白垩统义县组的一具近乎完整的禽龙类骨架(图2-10),并对其头骨进行研究后将其命名为杨氏锦州龙(*Jinzhousaurus yangi*)(Wang and Xu,2001)。Barrett et al.(2009)重新对该骨架的头骨进行了解剖学研究;汪筱林等(2010)对该骨架的头后部分骨骼进行了详细的形态学研究;McDonald(2010)的研究认为锦州龙应被归类于鸭嘴龙超科基干类群。2010年,吴文昊等研究了采集于锦州龙发现地附近的一具较小的鸭嘴龙超科基干类群的近乎完整的骨架,并列举了与锦州龙的若干区别,将其命名为义县薄氏龙(*Bolong yixianensis*)(Wu et al.,2010)。2003年,尤海鲁等描述了在辽宁北票双庙上白垩统下部孙家湾组发现的一个完整左前上颌骨和部分关联的前颌骨和泪骨化石,并认为其归属于鸭嘴龙超科基干类群,命名为计氏双庙龙(*Shuangmiaosaurus gilmorei*)。

2009年,尤海鲁等描述了发现于甘肃酒泉俞井子盆地下白垩统新民堡群的一个属于鸭嘴龙超科基干类群成员的后半部分头骨,将其命名为半月金塔龙(*Jintasaurus meniscus*)(You and Li,2009)。2003年,尤海鲁等研究了发现于甘肃酒泉公婆泉盆地下白垩统新民堡群的一个完整的鸭嘴龙头骨和部分头后骨骼,将其命名为诺曼马鬃龙(*Equijubus normani*)(You et al.,2003a),归类于鸭嘴龙超科基干类群(图2-11)。

图2-11 诺曼马鬃龙头骨和复原图(修改自You et al.,2003)

2007年,莫进尤描述了广西自然历史博物馆1991年在广西南宁市大石村石火岭晚白垩世紫红色泥砂岩中发现的一个不完整的鸭嘴龙骨架,认为其代表了一种赖氏龙亚科的基干成员,将其命名为大石南宁龙(*Nanningosaurus dashiensis*)(Mo et al.,2007)。

我国的鸭嘴龙超科化石主要分布在北方:西北地区的甘肃和内蒙古,东北地区的辽宁西部和黑龙江北部,以及华北地区的山东省东部。我国发现的鸭嘴龙超科成员超过16种,以较原始的鸭嘴龙超科基干类群为主,它们在以上地区均有发现;而较进步的鸭嘴龙科成员则主要分布在黑龙江北部和山东东部,以赖氏龙亚科基干类群和栉龙亚科的埃德蒙顿龙族成员为主。

自从1923年在莱阳发现第一种鸭嘴龙类化石——中国谭氏龙以来，在莱阳地区的上白垩统王氏群地层中曾报道过鸭嘴龙超科（Hadrosauroidea）的4属6种，分别为谭氏龙属的1属3种中国谭氏龙（*Tanius sinensis* Wiman, 1929）、金刚口谭氏龙（*T. chingkankouensis*）（杨钟健，1958）、莱阳谭氏龙（*T. laiyangensis*）（甄朔南，1976）、棘鼻青岛龙（*Tsintaosaurus spinorhinus*）（杨钟健，1958）、巨型山东龙（*Shantungosaurus giganteus*）（胡承志，1973）、杨氏莱阳龙（*Laiyangosaurus youngi*）（Zhang et al., 2017）。最近的系统发育研究结果显示，在已报道的莱阳鸭嘴龙超科成员中，中国谭氏龙属于鸭嘴龙超科基干类群，棘鼻青岛龙属于赖氏龙亚科，巨型山东龙和杨氏莱阳龙属于栉龙亚科（Prieto-Márquez, 2010b, 2016; zhang et al., 2017）。在目前发现的莱阳鸭嘴龙动物群的成员中，鸭嘴龙超科成员数量和种类最多，也最具代表性。因

此，关于这些鸭嘴龙超科化石的研究对了解莱阳鸭嘴龙动物群具有十分重要的意义。

3.1 中国谭氏龙

3.1.1 研究概述

1923年，我国第一代地质学家谭锡畴先生报道了在山东莱阳天桥屯—将军顶一带的王氏群地层中采集到恐龙骨骼化石，这也是我国学者最早发现的恐龙化石之一。后来这些化石被运至瑞典，现在仍然保存于瑞典乌普萨拉大学。1929年，瑞典古生物学家维曼（C. Wiman）研究了这些采自莱阳的标本，认为其中一个不完整的头骨和一些零散的头后骨骼归属于一类新的鸭嘴龙科恐龙，并建立了谭氏龙属（*Tanius*），及其模式种中国谭氏龙（*Tanius sinensis*）（Wiman, 1929）（图3-1～图3-5）。

图3-1 中国谭氏龙头骨

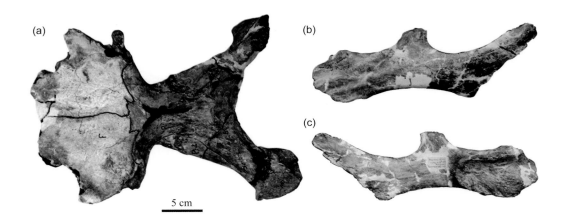

图3-2　中国谭氏龙头部骨骼
（a）颅顶骨骼；（b）-（c）左颧骨，外侧视（b），内侧视（c）。

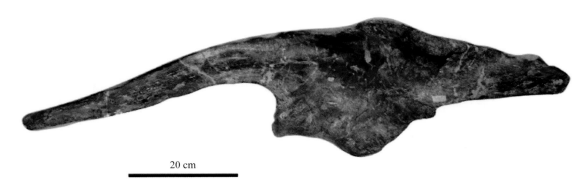

图3-3　中国谭氏龙左肠骨

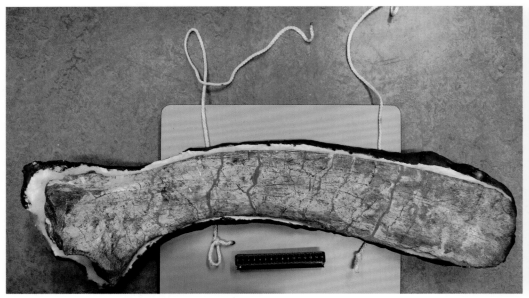

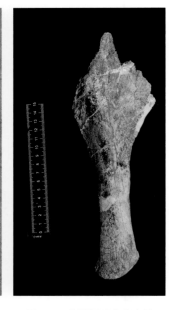

图3-4　中国谭氏龙右肩胛骨　　　　　　　　　　图3-5　中国谭氏龙右胸骨

1951年，古脊椎所的杨钟健、刘东生和王存义等组成科考队对莱阳地区进行野外考察，并在金岗口进行了发掘，在王氏群地层中采集了一批恐龙和恐龙蛋化石。杨钟健对这批化石进行了详细研究，于1958出版的《山东莱阳恐龙化石》一书中全面系统地报道了这次在莱阳发现的恐龙等化石，其中包括鸭嘴龙类的著名的棘鼻青岛龙，以及谭氏龙属的第二个种——金刚口谭氏龙（*T. chingkankouensis*）（杨钟健，1958）。金刚口谭氏龙的标本主要为一些零散的头后骨骼，包括IVPP V 724（10个颈椎，2个背椎，由8个椎骨组成的荐椎，1个右肩胛骨，1个右肠骨和1个坐骨远端）和IVPP V 726（由9个椎骨组成的荐椎）（图3-6，图3-7）。杨钟健（1958）认为其颈椎、肩胛骨、肠骨的形态与中国谭氏龙相近，明显区别于棘鼻青岛龙，将其归于谭氏龙属，又因为肠骨反转节较发育且坐骨末端较小区别于中国谭氏龙，故建立一新种。

20 cm

图3-6　金刚口谭氏龙右肠骨

1959年，古脊椎所王存义协同北京自然博物馆甄朔南等，会同天津自然博物馆对莱阳金岗口王氏群的青岛龙发现地点进行了一次小规模的发掘和采集，发现一批鸭嘴龙类化石。1976年甄朔南研究了这批标本后，将其归于谭氏龙属，并建立了新种莱阳谭氏龙（*T. laiyangensis*）（甄朔南，1976）。莱阳谭氏龙仅保存了由9个椎骨组成的荐椎和1个右肠骨（BMNH PH00181）（图3-8，图3-9），由于荐椎腹侧有一较深的纵沟穿过后几

图3-7　金刚口谭氏龙荐椎

(a)

(b)

图3-8 莱阳谭氏龙右肠骨（甄朔南，1976）
（a）内侧视；（b）外侧视。

(a)

(b)

(c)

图3-9 莱阳谭氏龙荐椎（甄朔南，1976）
（a）腹侧视；（b）左侧视；（c）背侧视。

节椎体与金刚口谭氏龙相似，区别于棘鼻青岛龙，但由于荐椎腹侧纵沟穿过第六至九节椎体区别于金刚口谭氏龙的第六至七节，此外其荐椎神经棘较高、横突呈水平状、髋弧较粗壮都区别于金刚口谭氏龙，因此建立了一新种（甄朔南，1976）。

由于金刚口谭氏龙和莱阳谭氏龙没有保存头骨仅保存少部分头后骨骼，以及最近的系统发育分析显示中国谭氏龙被排除在鸭嘴龙科之外，而是更为原始的鸭嘴龙超科基干类群的成员，因此金刚口谭氏龙和莱阳谭氏龙的有效性也一直存在争议。如莱阳谭氏龙被认为是棘鼻青岛龙的同物异名，金刚口谭氏龙则被认为是中国谭氏龙的同物异名（Buffetaut and Tong，1993）；也有学者认为，金刚口谭氏龙是有效属种，而莱阳谭氏龙是其同物异名（Horner，2004）。因此，谭氏龙1属3种有效性的分析和厘定，对莱阳鸭嘴龙成员之间的关系，以及确定莱阳鸭嘴龙动物群的组成都有十分重要的意义。

3.1.2 系统古生物学

鸟臀目 Ornithischia Seeley，1887

鸟脚亚目 Ornithopoda Marsh，1881

鸭嘴龙超科 Hadrosauroidea Cope，1869

谭氏龙属 *Tanius* Wiman，1929

模式种 中国谭氏龙 *Tanius sinensis* Wiman，1929

鉴别特征 中部背椎神经棘较高，背腹高度是前后长度的4倍以上；肩胛骨板末端背腹缘平行，不扩展；肩胛骨近端最大背腹宽度大于远端最大背腹宽。

中国谭氏龙 *Tanius sinensis* Wiman, 1929

正模 PMU24720 一具不完整的骨架，包括1个头骨后半部分，1个左颧骨，两侧的眶后骨，两侧的翼骨，1个左鳞骨，1个左方骨，9个颈椎，2个颈肋，1个背椎，1个尾椎，1个右肩胛骨，1个右胸骨，1个左肱骨，两侧肠骨，1个右股骨，1个右腓骨，1个右胫骨，1个左侧第三跖骨和1个趾骨。

地点与层位 山东省莱阳市将军顶，上白垩统王氏群将军顶组。

鉴别特征 股骨远端内外髁融合，形成一个封闭的管道，以及如下的特征组合：颧骨喙突的尾背缘在背腹向极不扩展；颧骨喙突内侧关节面的背缘和尾缘有一条弯嵴，将关节面围成一个中腹向的凹面；肠骨髋臼上突向外腹侧较不扩展，且其顶点位于肠骨坐骨突后突的后上方，肠骨的髋臼上突顶点位于坐骨突后部结节后缘的后背侧；肩胛骨远端骨板背腹缘平行；背椎神经棘较高。

3.1.3 讨论

中国谭氏龙最初研究命名时被认为是一种平头的鸭嘴龙亚科成员（Wiman, 1929），杨钟健（1958）同样将谭氏龙归于鸭嘴龙亚科。Horner等（2004）认为中国谭氏龙一些头骨特征与鸭嘴龙亚科基干类群相似；而头后骨骼特征，如较高的背椎神经棘，强壮的三角肌嵴等与赖氏龙亚科接近；因此将谭氏龙排除于鸭嘴龙亚科和赖氏龙亚科之外，作为鸭嘴龙科的基干类群。目前的研究认为其应属于鸭嘴龙超科的基干类群（Horner et al., 2004；Prieto-Márquez, 2010b）。Borinder（2015）对中国谭氏龙的头后骨骼重新进行了详细的描述和研究，认为中国谭氏龙具有以下自近裔特征：股骨远端内外髁融合，形成一个封闭的管道；以及中部背椎神经棘较高，背腹高度是前后长度的4倍以上；肩胛骨板末端背腹缘平行，不扩展；肩胛骨的背部边缘呈弧形；肩胛骨近端最大背腹宽度大于远端最大背腹宽；股骨第四转子呈弧形；胫骨冠状突向腹侧延伸较长等鸭嘴龙超科基干类群的组合特征。

2016年，张嘉良曾前往瑞典乌普萨拉大学对中国谭氏龙正型标本（PMU 24720）进行了观察，确认了中国谭氏龙还具有以下鸭嘴龙超科基干类群特征：颧骨喙突的尾背缘在背腹向极不扩展；颧骨喙突内侧关节面的背缘

和尾缘有一条弯嵴，将关节面围成一个中腹向的凹面；肠骨髋臼上突向外腹侧较不扩展，且其顶点位于肠骨坐骨突后突的后上方等（Horner et al., 2004；Prieto-Márquez, 2008, 2010b）。

金刚口谭氏龙（*T. chingkankouensis*）和莱阳谭氏龙（*T. laiyangensis*）都是根据部分头后骨骼建立的，其发现地点与棘鼻青岛龙相同，位于莱阳金岗口村西侧的1号化石地点。Buffetaut和Tong（1993）认为金刚口谭氏龙的肠骨显示了进步的鸭嘴龙科特征，不应归属于鸭嘴龙超科基干类群的谭氏龙属。Horner et al.（2004）将金刚口谭氏龙视为中国谭氏龙的同物异名，将莱阳谭氏龙视为棘鼻青岛龙的同物异名。Zhang et al.（2019）认为金刚口谭氏龙和莱阳谭氏龙都是无效命名，因为它们都具有一系列典型的鸭嘴龙科特征，尤其是栉龙亚科的特征，与鸭嘴龙超科基干类群的中国谭氏龙明显不同。尽管由于保存问题，金刚口谭氏龙的一些化石材料无法用于比较，但通过对金刚口谭氏龙和莱阳谭氏龙的重新观察和比较，并结合金刚口谭氏龙的原始描述，我们认为Buffetaut、Tong和Zhang等的判断是可信的。

金刚口谭氏龙的另一个重要特征是荐椎腹部具有纵沟，这同样也存在疑问。杨钟健（1958）认为荐椎腹部具沟是平头的栉龙亚科的特征，因此将腹部具沟的荐椎归于金刚口谭氏龙，而荐椎腹部具嵴则是有头饰的赖氏龙亚科的特征，故将腹部具嵴的荐椎归于棘鼻青岛龙。但有研究认为，鸭嘴龙超科成员荐椎腹部是否具嵴或沟，并不能作为鉴定特征，荐椎腹部具嵴和沟的情况在同一属种鸭嘴龙超科成员中均有出现（Prieto-Márquez, 2008），因此荐椎腹侧是否具有沟或嵴并不能作为鉴定特征。

通过对金刚口谭氏龙（IVPP V 724，有几乎完整的骶骨和部分右肠骨）、莱阳谭氏龙（BMNH PH00181，有几乎完整的骶骨与部分右肠骨），以及莱阳2号地点新发现的杨氏莱阳龙的肠骨（IVPP V 23402.15，来自一个较小的幼年个体）进行比较发现，所有的肠骨都具有背腹向较短的肠骨中央板，背腹向高度与前后向长度比例小于0.8，且这3个肠骨的髋臼上突顶点位于坐骨突后部结节后缘的前背侧（图3-10），区别于中国谭氏龙肠骨的髋臼上突顶点位于坐骨突后部结节后缘的后背侧，这些都是典型栉龙亚科的特征。虽然肠骨（IVPP V 23402.15）具有对称的上髋臼突，且从上髋臼突的外腹缘到后髋臼突的背缘有一明确的脊；而BMNH PH00181则具有不对称的且上

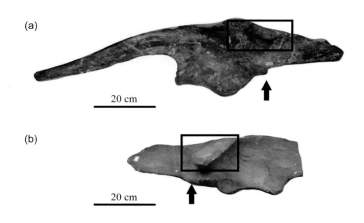

图3-10　中国谭氏龙与金刚口谭氏龙肠骨比较
（a）中国谭氏龙左肠骨（PMU 24720），外侧视；（b）金刚口谭氏龙右肠骨（IVPP V 724），外侧视（方框处为髋臼上突，箭头指向肠骨坐骨突后结节）。

髋臼突与后耻骨突之间也不具有脊状结构；IVPP V 724上髋臼突不对称，但上髋臼突与后髋臼突之间具有脊，Zhang等（2019）认为IVPP V 724上髋臼突的以上特征与棘鼻青岛龙类似，这一标本应属于棘鼻青岛龙。然而，在连接埃德蒙顿龙（*Edmontosaurus annectens*）中的幼年标本和成年标本之间也存在这种上髋臼突形态差异（Prieto-Márquez, 2014），因此，认为上述莱阳标本上髋臼突的差异可能是因为个体发育的差异所致。

　　IVPP V 23402.15和IVPP V 724两个肠骨标本上都显示后髋臼突的基部存在一个短架，中侧面上有一个明显的中腹脊，与独孤龙（*Secernosaurus*）相似（Prieto-Márquez, 2008）。BMNH PH00181缺失了后髋臼突，但Zhang等（2019）对鸭嘴龙超科成员的肠骨上髋臼突进行的相对扭曲分析（relative warp analysis）显示BMNH PH00181与独孤龙的上髋臼突形状非常相似。通过骨学比较发现，IVPP V 23402.15、IVPP V 724和BMNH PH00181的肠骨共有一些显著特征，且考虑到上髋臼突的个体发生变化，以及杨氏莱阳龙的采集地点和地层与IVPP V 724和BMNH PH00181相邻，我们认为IVPP V 724和BMNH PH00181很有可能是属于杨氏莱阳龙的材料，并且杨氏莱阳龙与独孤龙共有一些特征。

3.2　棘鼻青岛龙

3.2.1　研究概述

　　1951年，周明镇报道了1950年山东大学地质矿物学系王麟祥和关广岳两位老师带领学生在莱阳实习时，在上白垩统王氏群地层中发现的恐龙和恐龙蛋化石，并将

其中的恐龙化石初步鉴定为鸭嘴龙类化石。古脊椎所的杨钟健十分重视这一发现，同年他便带领刘东生和王存义组成的中国科学院古脊椎动物与古人类研究所科考队在莱阳进行了大规模的野外考察和发掘，并在金岗口西沟的上白垩统王氏群中发现了大量恐龙和恐龙蛋化石等（刘东生, 1951；杨钟健, 1958）。杨钟健在详细研究了此次发掘中发现的恐龙化石后，在1958年出版了著名的《山东莱阳恐龙化石》一书，全面系统地报道了这批标本中的恐龙和其他脊椎动物化石，并初步展现了莱阳晚白垩世鸭嘴龙动物群的基本面貌。这其中最为著名的就是棘鼻青岛龙架（图3-11），这也是新中国成立后发现的第一具恐龙化石骨架（杨钟健, 1958）。棘鼻青岛龙正型（IVPP V 725）为一具相对完整的综合骨架（图3-12～图3-14），副型（IVPP V 818）为一个仅保存后半部分的头骨（图3-15），此外还包含众多相关的零散的头部骨骼和头后骨骼。

　　杨钟健（1958）认为棘鼻青岛龙最主要的特征为其鼻骨呈空心棒状向上伸出，末端加宽，稍微分开，形成棘状的头饰，因此将其命名为棘鼻青岛龙。这一特殊的头饰与其他鸭嘴龙科成员的头饰明显不同。其中赖氏龙亚科的头饰均由鼻骨和前上颌骨共同构成，并向后上方伸展，形似头盔状的头饰（Ostrom, 1962；Hopson, 1975；Horner et al., 2004；Evans et al., 2009）。而一些栉龙亚科成员的实心头饰虽也是主要由鼻骨前上颌骨构成，但其也是向后上方延伸的，也与棘鼻青岛龙有很大区别（Horner, 2004；Evans et al., 2009）。因此，自棘鼻青岛龙被研究报道以来就一直受到广泛关注，其有效性也存在着较大的争议，一些学者甚至怀疑其属种的有效性，如Rozhdestvensky认为青岛龙可能是幼年谭氏龙的同物异名（Rozhdestvensky, 1964；1977）；Taquet（1991）认为棘鼻青岛龙头骨的管状鼻棘是由于其死后鼻骨错位造成的，而将鼻骨恢复原位后棘鼻青岛龙就变成了一种典型的平头鸭嘴龙，进而认为棘鼻青岛龙是谭氏龙的同物异名；Horner（1990）则认为棘鼻青岛龙是基于赖氏龙亚科和鸭嘴龙亚科（等同于后文中的栉龙亚科）的两类鸭嘴龙材料组合而成的混合体，并怀疑棘鼻青岛龙的鼻棘并非是中空的。

　　相反，也有一些研究者支持棘鼻青岛龙具有空心头饰，并根据其他一些头骨和头后骨骼具备赖氏龙亚科的特征，将青岛龙作为一个有效的分类单元归于赖氏龙亚科（Maryańska and Osmólska, 1981；Brett-Surman, 1989）；Buffetaut和Tong（1993, 1995）在重新观察了棘鼻青岛

图3-11 棘鼻青岛龙复原

龙标本后认为其头部的管状突起是确定无疑的，且具有明显的赖氏龙亚科特征，是有效属种；Prieto-Márquez 和 Wagner（2013）通过对棘鼻青岛龙头骨及若干可能为头部骨骼的碎片的观察研究，重新复原了其头饰，认为其具有典型的赖氏龙亚科的向后上方延伸的空心头饰；还有学者从系统发育分析的角度，认为棘鼻青岛龙为赖氏龙亚科的有效属种（Horner et al., 2004；Prieto-Márquez and Wagner, 2009；Prieto-Márquez et al., 2013）。2013年，Prieto-Márquez 和 Wagner 根据正型标本头骨（IVPP V 725）和副型标本头骨（IVPP V 818）以及头饰的另一个片段（IVPP V 829）的形态和骨骼接触关系，将青岛龙的头顶冠重新构建为一个典型的赖氏龙亚科的空心、向后上方投射的结构，他们还对棘鼻青岛龙的棒状鼻骨是否为空心管道提出了质疑，因为他们认为鼻骨管状突的横截面积相对较小，且没有通向颅内空间的腹侧出口，这与杨钟健（1958）的原始描述相矛盾。我们通过对棘鼻青岛龙向前上方伸展的鼻骨进行CT扫描和三维重建，并结合棘鼻青岛龙头骨的重新观察，恢复了鼻棘的内部结构，认为棘鼻青岛龙鼻骨内部为实心结构，头饰由鼻骨和前上颌骨共同构成且向前上方伸展（Zhang et al., 2020）。

图3-12 棘鼻青岛龙骨架素描图

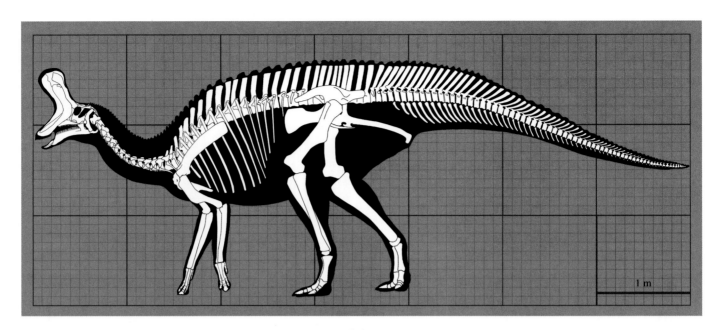

图3-13　棘鼻青岛龙骨架复原

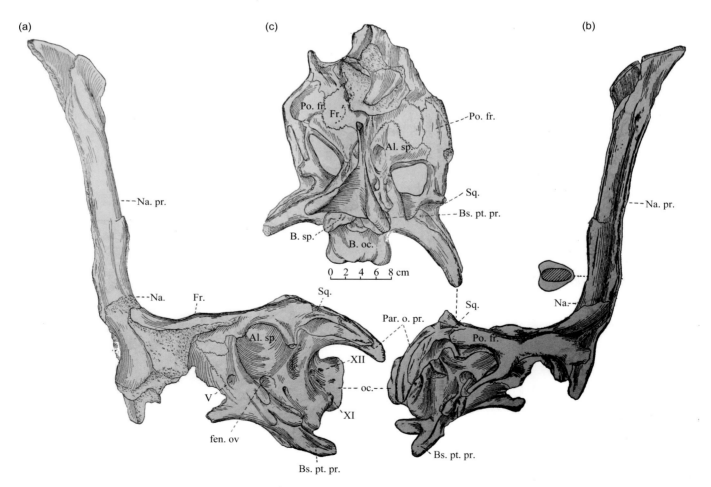

图3-14　棘鼻青岛龙正型头骨（IVPP V 725）（杨钟健，1958）

Al. sp.，翼蝶骨；B. oc.，基枕骨；Bs. pt. pr.，基蝶骨突；B. sp.，基蝶骨；Fen. ov.，卵圆窗；Fr.，额骨；Na.，鼻骨；Na. pr.，鼻骨突；Oc.，枕骨；Par. o. pr.，副枕骨突；Po. fr.，眶后骨－额骨；Sq.，鳞骨；V，三叉神经孔；XI，副神经孔；XII，舌下神经孔。

图3-15　棘鼻青岛龙正型头骨（IVPP V 725）

3.2.2　系统古生物学

鸟臀目　Ornithischia Seeley，1887

鸟脚亚目　Ornithopoda Marsh，1881

鸭嘴龙超科　Hadrosauroidea Cope，1869

赖氏龙亚科　Lambeosaurinae Parks，1923

青岛龙属　*Tsintaosaurus* Young，1958

模式种　棘鼻青岛龙 *Tsintaosaurus spinorhinus* Young，1958

鉴别特征　头骨的鼻骨形成管状突起，向上向前伸出，其末端加宽，稍为分开；头后上部有横棱极发育；上颞颥孔左右较宽；前额骨末端稍向上卷曲；齿数较少；荐骨脊椎似由8个脊椎合成，腹侧有显著的中间直棱，后呈沟状；尾椎硕大；脊椎数为颈椎11、背椎12、荐椎8、尾椎59；肩胛骨较大，末端宽大；肱骨较桡骨长；肠骨上端相当隆起；坐骨远端发育原始足状突；股骨硕大，末端具孔；胫骨比股骨略长。

棘鼻青岛龙　*Tsintaosaurus spinorhinus* Young，1958

正模　IVPP V725 一具近乎完整的综合骨架，包括1个不完整的头骨，左右方骨，左右上颌骨，左前上颌骨前部，左上隅骨，左右齿骨，前齿骨，11个颈椎，12个背椎，8个荐椎，59个尾椎，左右肩胛骨、乌喙骨、胸骨，左右肱骨，左尺骨，左桡骨，部分掌骨和指骨，左右肠骨，右耻骨，左

右坐骨，左右股骨，左胫骨远端，右腓骨近端，左右距骨，左跟骨，部分跖骨和趾骨（图3-12～图3-15）。

副模　IVPP V 818 头骨后半部分，为保留鼻骨凸起部分（图3-16）。

归入标本　IVPP V 723：右齿骨，荐椎和左肱骨；IVPP V 727：荐椎，右肩胛骨，左右肱骨，右尺骨，右股骨；IVPP V 728：荐椎，右肩胛骨，左右肱骨，右肠骨，左右坐骨，右耻骨，左股骨；IVPP V 729：荐椎，左肱骨，左右坐骨；其他野外编号为 K 24（右前齿骨）、K 28（左方骨和右上颌骨）、K 45（左上颌骨）、K 63（左右齿骨）、K 68（左方骨）、K 97（左上隅骨）、K 93（左上颌骨）、K 107（左前上颌骨）、K 121（左齿骨）、K 141（左右前齿骨）、K 149（左上隅骨）、K 150（左上隅骨）、K 170（左齿骨）、K 172（右齿骨）、K 179（右上颌骨）、K 2（21）K 108（第六右背肋）、K 96（右肩胛骨和乌喙骨）、K 70（右肩胛骨和乌喙骨），部分零散牙齿和零散骨骼。

地点与层位　山东省莱阳市金岗口，上白垩统王氏群金刚口组。

鉴别特征　同属

3.2.3　头饰内部结构研究

1958年，杨钟健在《山东莱阳恐龙化石》一书中对棘鼻青岛龙进行了详细描述，因其最重要的特征为鼻骨呈

5 cm

图3-16　棘鼻青岛龙副型头骨（IVPP V 818）

空心棒状向前上方伸出，组成棘状的头饰，因此将其命名为棘鼻青岛龙（*Tsintaosaurus spinorhinus*）（图3-15）。棘鼻青岛龙呈棒状顶部分叉且向前上方延伸的特殊头饰与其他鸭嘴龙科成员的头饰明显不同，因此其头饰形态和有效性一直饱受争议。

（1）鸭嘴龙科头饰

头饰是鸭嘴龙类的一个重要特征，这也是鸭嘴龙科的重要分类依据之一。这些头饰可为实心和空心两类，没有头饰和具有实心头饰的成员归于栉龙亚科，而具有空心头饰的成员被归于赖氏龙亚科（Horner et al., 2004）（图3-17）。

栉龙亚科的大部分是平头的，还包括具有实心头饰的。实心头饰结构相对简单，主要由鼻骨构成。目前已记述的实心头饰包括以下几种类型：1）钩鼻龙（*Gryposaurus*）和冠长鼻龙（*Lophorhothon*）的鼻骨背侧在外鼻孔上方向上拱起，在眼眶前形成一个侧向压缩的驼峰状头饰（图3-17a）；2）原栉龙（*Prosaurolophus*）的鼻骨末端略向背侧突起，在眼眶前上方形成头饰，与钩鼻龙的头饰相比位置更靠近眼眶（图3-17e）；3）慈母龙（*Maiasaura*）和短冠龙（*Brachylophosaurus*）的鼻骨末端在眼眶上形成横向扩展并向后延展的头饰，其中慈母龙的头饰中额骨也是重要的组成部分（图3-17b～c）；4）栉龙（*Saurolophus*）的鼻骨极度加长，形成长钉状的实心头饰向头顶后上方伸展（图3-17d）（Horner and Weishampel, 2004）。

赖氏龙亚科成员的空心头饰则由前上颌骨和鼻骨组成。与实心头饰相比，空心头饰的结构要复杂得多，自外鼻孔开始，沿头骨背侧向后上方伸展，在眼眶上方到头顶明显增大，有些种类的头饰一直延伸至头顶后。空心头饰以眼眶上方为分界大致可分成两部分，前半部分主要由前上颌骨构成，前上颌骨的背侧支和腹侧支在外鼻孔后相接围成鼻腔的前庭，后半部分由前上颌骨的两支和鼻骨共同组成，背侧支极度增大形成头饰顶部，构成头饰的主体部分，腹侧支形成头饰腹部，鼻骨构成头饰后部（图3-17f～i，k）（Horner and Weishampel, 2004）。

（2）棘鼻青岛龙头饰

最初描述中的棘鼻青岛龙的头饰仅由鼻骨组成且向前上方延伸（杨钟健，1958）（图3-13～图3-15，图3-17j），与以上两类鸭嘴龙科成员头饰形态及其延伸方向均存在很大的区别，所以自棘鼻青岛龙被研究报道以来就一直受到广泛关注，其头饰和属种的有效性等也存在较大争议。部分学者怀疑其鼻骨并非空心结构，并质疑其属种是否有效（Rozhdestvensky, 1964, 1977；Horner et al., 1990；Taquet, 1991）；还有一部分研究者支持棘鼻青岛龙具有空心头饰，并根据其他一些头骨和头后骨骼具备赖氏龙亚科的特征，将青岛龙作为一个有效的分类单元归于赖氏龙亚科（Maryańska and Osmólska, 1981；Brett-Surman, 1989）。Buffetaut和Tong（1993, 1995）比较了棘

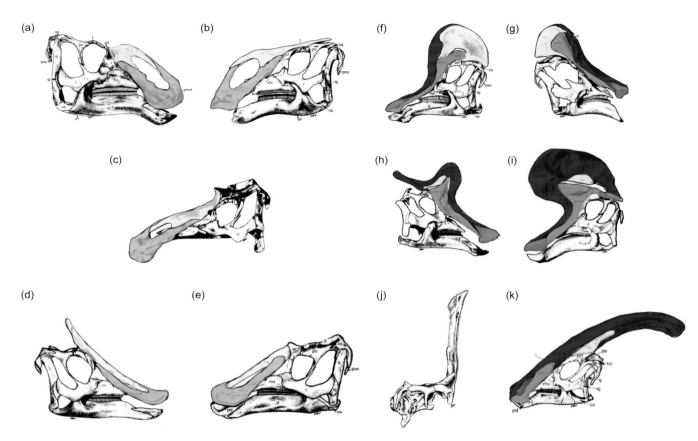

图3-17　鸭嘴龙类不同类型的头饰图（Horner et al.，2004）

（a）-（e）鸭嘴龙亚科的实心头饰：（a）钩鼻龙，（b）短冠龙，（c）慈母龙，（d）栉龙，（e）原栉龙（浅蓝色为鼻骨，粉色为前上颌骨）；（f）-（k）赖氏龙亚科的空心头饰：（f）冠龙，（g）亚冠龙，（h）赖氏赖氏龙，（i）大冠赖氏龙，（j）青岛龙，（k）副栉龙（浅蓝色为鼻骨，深蓝色为前上颌骨尾背支，紫色为前上颌骨尾侧支，红色为外鼻孔）。

鼻青岛龙头骨与中国谭氏龙头骨，指出除了上述的棘鼻青岛龙额骨前部上翘外，棘鼻青岛龙头骨还有以下特征区别于中国谭氏龙：棘鼻青岛龙额骨不参与眼眶的构成，额骨后部有一个隆起，上颞颥孔宽度大于长度，向前外侧伸展，这些特征同时也是赖氏龙亚科区别于鸭嘴龙亚科的特征。我们对棘鼻青岛龙头骨详细观察后，同意以上观点，此外棘鼻青岛龙的顶骨矢状脊较短且向下弯曲也是赖氏龙亚科的明显特征（图3-18，图3-19）。因而认为棘鼻青岛龙归于赖氏龙亚科应该是无疑问的。

仅在青岛龙的正型标本（IVPP V 725）的头骨中，鼻骨被几乎完整地保留下来，鼻骨沿矢状面融合形成一个向前上方延伸的棒状鼻棘（图3-18a, d）。成对的鼻骨在中线缝合处的喙侧面形成一个厚实的中央脊，而在尾侧面形成一个浅沟（图3-18d）。棒状突起的两侧分别呈现出从宽的尾侧面到窄喙侧面的倾斜，因此形成了心形横截面。

棒状突起向背侧延展并分成两个分支，形成的扇形、前后方向扩展的薄片状远端突起（图3-18b, c）。然而如杨钟健（1958）的描述，这两个远端片状突起在化石被发现时都已损坏，并用石膏进行了修复（图3-18b）。

在青岛龙鼻棘的基部，鼻骨呈块状向腹侧延伸形成神经颅的前背部，并被尾侧翘起的额骨和背侧翘起的前额骨所包围（图3-18d, e）。在鼻骨的前视图中，鼻骨基部块状突起朝背部逐渐变细，形成棒状的鼻棘。两侧的鼻骨和前额骨之间的前侧缝合线形成两个狭窄的背腹向脊，与中脊一起将块状部分的前侧面分成两个凹面通道（图3-18e）。通道在背部变浅，并在前额骨的背缘处结束，在鼻骨基部通道的前侧面上存在两个椭圆形凹陷。尽管鼻骨的基部块状部分和背部的棒状结构间存在明显的断裂，但很显然块状部分的中脊与棒状部分的中脊是具有连续性的。

在背视图中，鼻骨尾部通过锯齿状交错的缝合线与额骨接触（图3-19a, b），并被一个狭长的带状结构分为两个分支，这一带状结构略呈向腹侧凹入，其与周围的鼻骨和额骨相接处形成一条细脊（图3-19c）。这个带状结构中的物质明显有别于鼻骨和额骨，更像是填充的物质。此外，在副型头骨（IVPP V 818）中，虽然鼻骨未被保存，但额骨的鼻骨关节面保存相对完整（图3-19d）。副型头

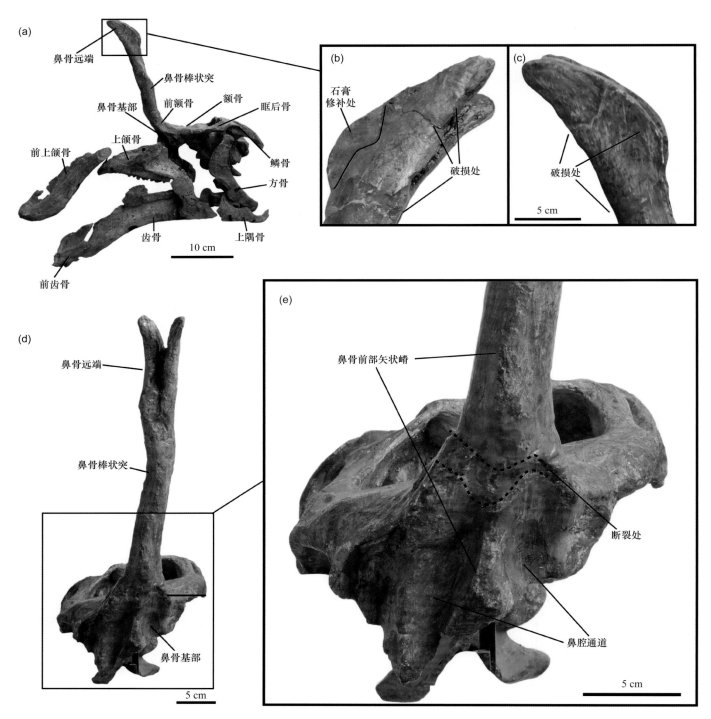

图 3-18　棘鼻青岛龙正型头骨（IVPP V 725）（Zhang et al.,2020）

（a）棘鼻青岛龙头骨左侧视；（b）-（c）棘鼻青岛龙鼻骨远端：（b）右侧视,（c）左侧视；（d）棘鼻青岛龙头骨前侧视；（e）棘鼻青岛龙头骨腹部前侧视（虚线处为断裂）。

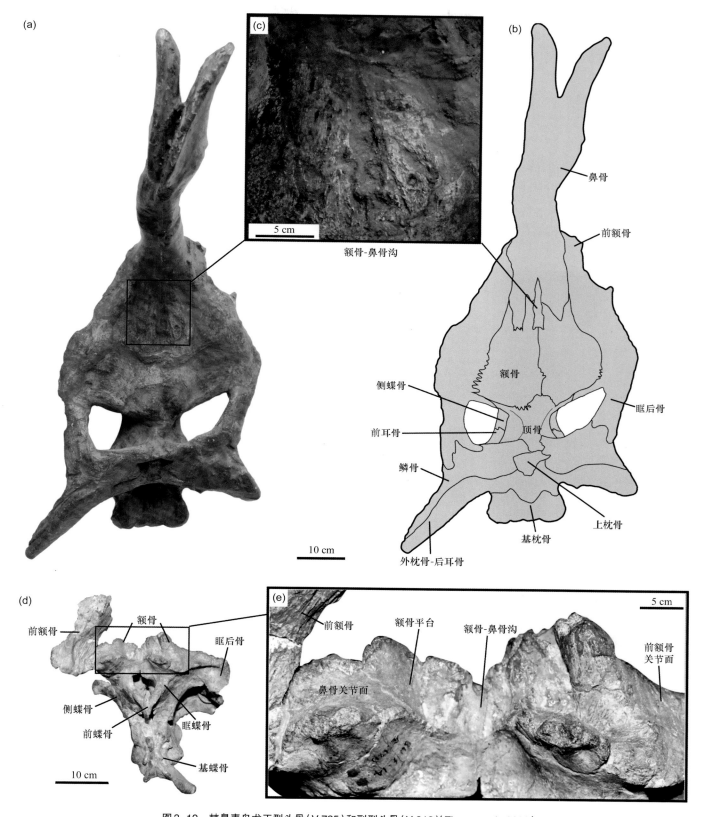

图3-19 棘鼻青岛龙正型头骨（Ⅴ725）和副型头骨（Ⅴ818）（Zhang et al.,2020）

（a）-（b）正型头骨：（a）背侧视，（b）背侧视线条图；（c）额骨鼻骨间的囟门；（d）-（e）副型头骨（V818）：（d）前侧视，（e）额骨鼻骨关节面。

骨（IVPP V 818）中额骨前中突没有完整保存，无法直接观察到如IVPP V 725鼻骨和额骨间的条带结构，但其额骨的两个鼻骨关节面之间有一个深裂隙（图3-19e）。推测IVPP V 725鼻骨和额骨间的狭窄带状结构就相当于IVPP V 818中的这一裂隙，并被沉积物所填充。因此，这个结构不是Prieto-Márquez和Wagner（2013）描述的额骨前中突，而是鼻骨和额骨之间的狭窄沟槽。

（3）棘鼻青岛龙头饰CT扫描

我们对棘鼻青岛龙向前上方伸展的鼻骨进行了CT扫描和三维重建，并结合棘鼻青岛龙头骨的重新观察，恢复了鼻棘的内部结构，认为棘鼻青岛龙鼻骨内部为实心结构，头饰由鼻骨和前颌骨共同构成且向前上方伸展

（Zhang et al.，2020）。

使用古脊椎所脊椎动物演化与人类起源重点实验室的450 kV高精度CT扫描仪，对棘鼻青岛龙正型标本（IVPP V 725）的头饰部分进行扫描，扫描电压为400 kV，电流为150 mA。扫描长度为400 mm（图3-20），扫描从头饰顶部片状结构的顶点到头饰根部。扫描从上至下分为40组，每组20层，共计800层，分辨率为0.5 mm，扫描用时约150小时。样本共捕获800张传输图像，每张图像分辨率为2 048×2 048像素。扫描数据导入体积分析软件VGStudio Max 2.1（德国Volume Graphics公司），然后转移到Mimics 16.0（比利时Materialise公司）进行分割、可视化和分析。

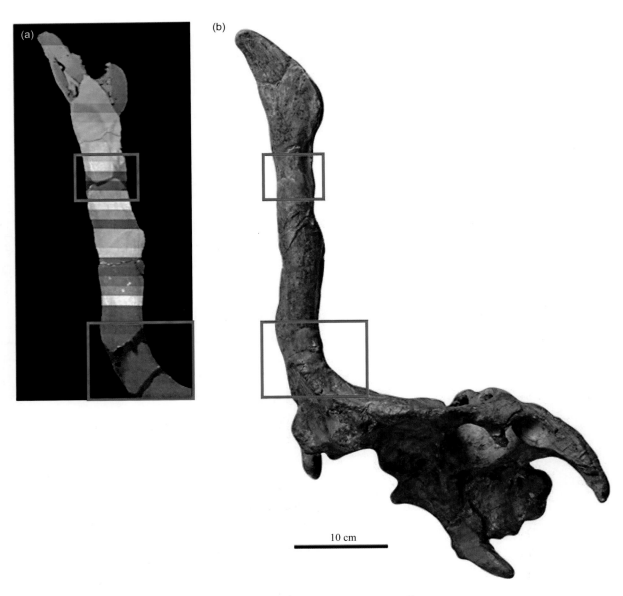

图3-20 棘鼻青岛龙头饰CT扫描
（a）头骨CT扫描矢状面影像；（b）头骨左侧视（红框为四处明显断裂）。

由于标本较大,扫描过程分为40组,每组扫描时组内参照对比度标准在组间不相同,造成扫描结果在横截面上不同组间的亮度、对比度明暗差别较大,纵截面表现为呈明暗不同的条带(图3-20)。后经对扫描结果的对比度进行统一化调整得到了相对一致的效果(图3-21)。

鼻棘部分的CT扫描结果显示,两个远端片状突起大部分密度较低,可以被解释为断裂,并使用人工材料(如石膏)进行修复(图3-22d~h)。特别是,左侧远端片状突起的末端完全是人工修复的(图3-22d)。在远端片状突起的主体部分,骨质集中于右支的前部和左支的后部,并且骨质向远端突起基部逐渐增厚和增长。CT扫描结果显示左侧远端突起中有三层,一个密度较高的层夹在两个密度较低的层之间(图3-22f~h)。然而,右支只观察到两层,内侧为较高密度部分,外侧为较低密度的皮质区域,缺失的骨层可能是由侵蚀引起的。此外,右支的前表面有明显的断裂(图3-22e~g)。这一观察结果与外部描述一致,我们认同Prieto-Márquez和Wagner(2013)关于IVPP V 725的鼻远端片状突起的解释,他们认为IVPP V 829为棘鼻青岛龙右侧的鼻骨和前上颌骨远端,外侧的菱形结构为鼻骨片状的远端,而内侧为前上颌骨的尾背部分,IVPP V 725的鼻远端片状突起目前保留的部分是不完整的,对应这一菱形结构的尾背后半部分。在远端突起的基部,CT扫描显示两个支之间有一个灰色的带状区域(图3-22f, g),可能是沉积物和胶水,证实了外部观察结果。远端片状突起的两支向腹侧汇聚成鼻棘的棒状突起,灰色带状区域也逐渐变薄,成为一条高密度的细脉(图3-22i)。在CT扫描的3D重建中可见(图3-22a)在远端突起和鼻棘的连接处,存在严重的沉积后断裂。

CT扫描显示鼻棘的主体部分呈一个密度较高的层夹在两个密度较低的层之间的"三明治"结构(图3-22i~m),其结构与左侧远端突起相同。在鼻棘的棒状主体部分中,中央高密度区域在CT扫描的横截面上都近似矩形,在我们的三维重建中,这一中央高密度区为一条沿矢状面的长条状结构(图3-22a)。CT扫描显示中央高密度部分贯穿鼻骨的整个横截面,从前端延伸到后端表面。尽管断裂破坏了鼻骨的部分边界,但仍观察到中央部分的前缘与棒状突起的前表面融合。此外,鼻骨基部的后缘与鼻棘的后表面也是重合的。因此,青岛龙鼻棘的两侧低密度部分并没有包围中间高密度部分形成一个空腔,而是形成了两侧低密度部分将中间高密度部分夹于中间的三层结构。因此青岛龙目前的棒状鼻棘并不能

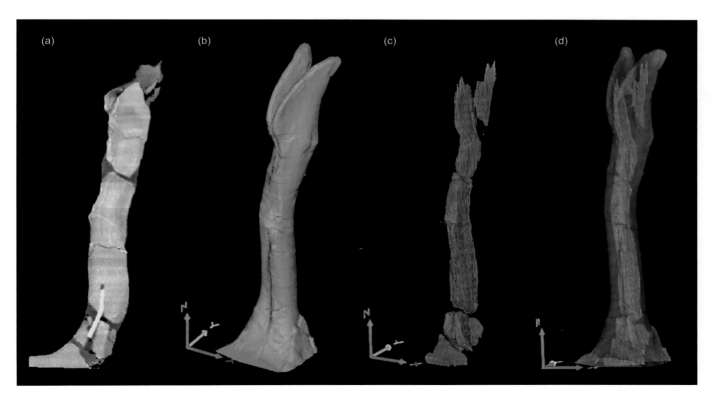

图3-21 青岛龙头饰CT扫描三维重建图
(a)头饰CT扫描矢状面影像;(b)头饰CT扫描三维重建外形图;(c)头饰CT扫描中部结构三维重建图;(d)头饰CT扫描三维重建透视图。

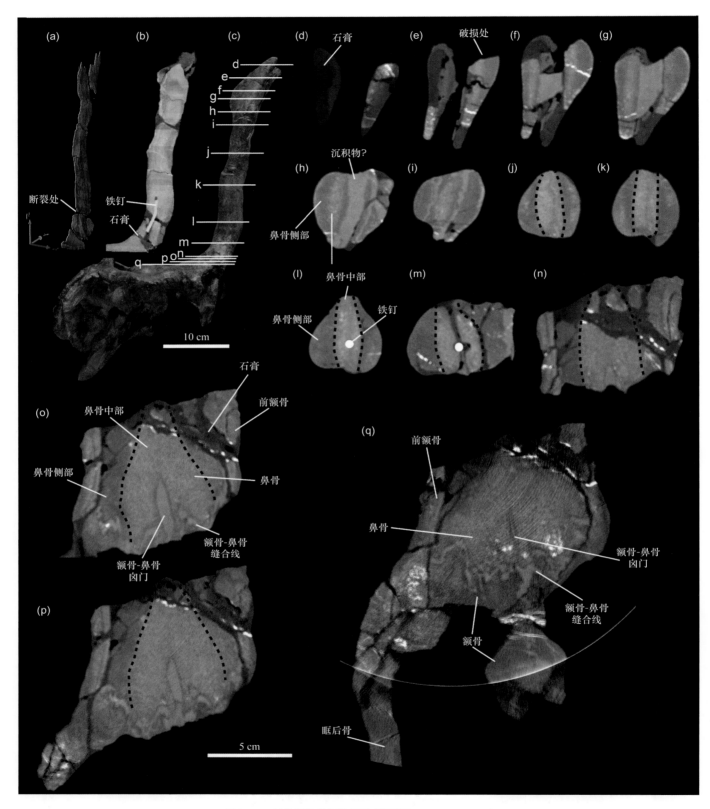

图3-22 棘鼻青岛龙头饰CT扫描图（Zhang et al.,2020）

（a）鼻骨中层3D重建；（b）鼻骨矢状面CT影像；（c）头骨右侧视；（d）-（q）鼻骨横截面CT影像：（d）-（h）鼻骨远端横截面CT影像，（i）-（m）鼻骨中部骨棒横截面CT影像，（n）-（q）鼻骨根部横截面CT影像。

如其他赖氏龙亚科成员的头饰一样形成空心的鼻腔。此外，CT扫描结果显示，这一中央高密度部分的物质更接近于两侧低密度部分，从CT图像上看，其质地相对粗糙，有别于密度更高的质地更为均匀的沉积物填充的部分。因此，我们认为鼻棘中部的高密度部分也是骨质的，鼻棘应该是实心的鼻骨，而不是中空的。

随着棒状突起向腹侧延伸至鼻骨的基部，可以观察到在中央高密度的部分两侧，除了有两个低密度部分外，又出现了高密度部分在更外侧（图3-22n～q），这里我们将鼻骨中央高密度部分解释为鼻骨中央部分，两侧低密度部分解释为鼻骨外侧部分，而新出现的最外侧的高密度部分我们认为是前额骨。向腹侧高密度的鼻骨中央部分逐渐变宽，并形成一个"心形"的横截面，具有前端锥度，我们认为这一部分代表鼻骨基部的中央脊，而中央部分的后缘与前额骨的翘起的前缘接触。在鼻骨和前额骨之间，有一个锯齿状的较高密度线，被解释为鼻骨-前额骨缝合线（图3-22o～q）。鼻骨基部的CT扫描显示，鼻骨尾突的两个分支和前额骨的前缘两支之间有一个梭形的高密度区域（图3-22n～q）。该区域的密度与鼻骨的中央部分有明显区别，且质地更均匀，更类似于鼻棘远端两个片状突起之间的沉积物填充。这一梭形高密度区域向腹侧逐渐变窄变短，直至消失并未贯穿颅顶，其尾部结束于鼻骨-前额骨缝合线尾端。这一观察结果与上述的外部描述相一致，该区域被解释为一个狭窄的凹槽。

（4）讨论和结论

我们的研究结果倾向于Buffettaut和Tong（1993，1995）的观点，认为棘鼻青岛龙（*Tsintaosaurus spinorhinus*）应该归属于赖氏龙亚科（Lambeosaurinae）。棘鼻青岛龙表现出一系列赖氏龙亚科的特征，包括额骨完全不参与眶缘构成；额骨背部呈现上隆起；上颞颥孔宽度大于长度；顶骨矢状脊相对较短且向下弯曲；上颌骨前部缺少前背突；上颌骨的背突向后上方延伸；齿骨的联合突向中腹部延伸；方骨相对弯曲；以及坐骨干的远端区域向腹部扩展，形成一个大的"靴状"突起。

在赖氏龙亚科中，前上颌骨和鼻骨形成的各种各样的头饰包围着宽大的鼻腔通道（Hopson, 1975; Evans et al., 2009）。在棘鼻青岛龙最初的描述中，杨钟健（1958）将一部分仅保存了前部的左侧前上颌骨归于棘鼻青岛龙的正型标本IVPP V 725。因此，前上颌骨的尾背部的形态和前上颌骨与鼻骨之间的关节关系是不明确的，在大多数重建中，将杆状鼻骨视为整个头饰的全部。然而，Prieto-

Márquez和Wagner（2013）根据棘鼻青岛龙头骨特征和一块前上颌骨尾背部碎片IVPP V 829，这一标本外侧的菱形结构为鼻骨远端片状突，IVPP V 725鼻骨远端具有明显的断裂痕迹，目前IVPP V 725鼻骨远端扇状的突起是这一菱形结构的一部分；而IVPP V 829的内侧为前上颌骨的尾背部分，他们将棘鼻青岛龙头饰恢复为类似于典型的赖氏龙亚科成员的空心头饰，这一头饰由前上颌骨和鼻骨共同围成的，向头顶尾背向扩展，并由向上翘起的前额骨和额骨在腹侧支撑。我们认为这种新的重建与此前的重建相比更为可靠，我们的外部观察和CT扫描提供了有关棘鼻青岛龙头饰的一些新信息，如下所述。

根据杨钟健（1958）的描述，棘鼻青岛龙的鼻棘主体即棒状鼻骨，最初被认为一个空心的管状结构，后来的研究者也沿用了这一观点，因为传统的非破坏性方法无法观察到鼻腔的内部（Buffettaut and Tong, 1995; Prieto-Márquez and Wagner, 2013）。然而，杨钟健（1958）的描述中并没有发现鼻骨管状结构向颅内空间的腹侧出口。除此之外，Prieto-Márquez和Wagner（2013）还怀疑鼻骨管状结构太窄，无法通过空气，因此，他们怀疑鼻骨并非空心。但由于缺乏更多的证据，他们仍然将鼻骨结构重建为一个分流结构，这与其他赖氏龙亚科的鼻骨结构和功能并不相同。正如上面描述的那样，我们的CT扫描数据显示，鼻骨棒状部分的横截面是一个实心的夹心结构（图3-22j～q），由一个中央高密度部分和两侧低密度部分组成，而不是空心的环形结构。中央高密度部分并不被两侧区域所包围，其前缘界定了鼻骨的矢状脊的前侧边界；此外，中央高密度部分的尾部也与鼻骨尾缘相接触，特别是在鼻骨基部的尾部，中央高密度部分的尾缘构成鼻骨在尾背向与额骨的关节面（图3-22n～q）。CT扫描的横截面显示，在鼻骨棒状结构的大部分区域中，中央高密度部分从中间贯穿整个棒状鼻骨的横截面，因此鼻骨无法围成一个空腔来形成一个管状结构。我们认为鼻骨中央高密度部分为内鼻骨关节（internasal articulation），而两侧较低密度的部分被解释与内鼻关节部分相接的成对的外侧鼻骨板（nasal plates）。推测这两部分鼻骨的密度差异可能是由于两侧鼻骨在中间融合并加固所造成的，以支持和转移头饰的重量，就如同密度更高且向上翘起的前额骨一样。

根据杨钟健（1958）的原始描述和重建，IVPP V 725的鼻棘略向前上方倾斜。我们同意这个观点，但认为鼻棘可能比目前的外观更向前倾斜（图3-23）。因为根据前述的外部描述和CT扫描结果，我们观察到鼻骨主体的棒状部分和鼻骨基部的块状部分之间存在重要的断裂,并且这两部分的断裂面十分相似。如果将鼻的这两部分拼合在一起,棒状部分将向前倾斜(图3-23),因为相比单薄的棒状结构,基部的块状部分在颅内位置更加稳定。然而,这种向前倾斜不会导致棘鼻青岛龙的鼻骨如栉龙亚科鸭嘴龙一样的向下和向前倾斜,而仍然是向前上方延展,因为棘鼻青岛龙正型头骨(IVPP V 725)和副型头骨(IVPP V 818)的额骨和前额骨均向上翘起用以在侧向和尾向支撑

鼻骨。根据我们对棘鼻青岛龙两个头骨的观察,棘鼻青岛龙的下颞颥孔的背缘大致与眼眶的背缘处于同一高度,且颅顶后部与额骨背面大致处于同一近水平面,与其他较原始的赖氏龙亚科恐龙,突吻咸海龙(*Aralosaurus tuberiferus*)(Godefroit et al., 2004a)和咸海牙克煞龙(*Jaxartosaurus aralensis*)(Rozhdestvensky, 1968)相同。因此,我们不认同Prieto-Márquez和Wagner(2013)关于棘鼻青岛龙颅顶后腹向倾斜导致鼻向后倾斜的观点。

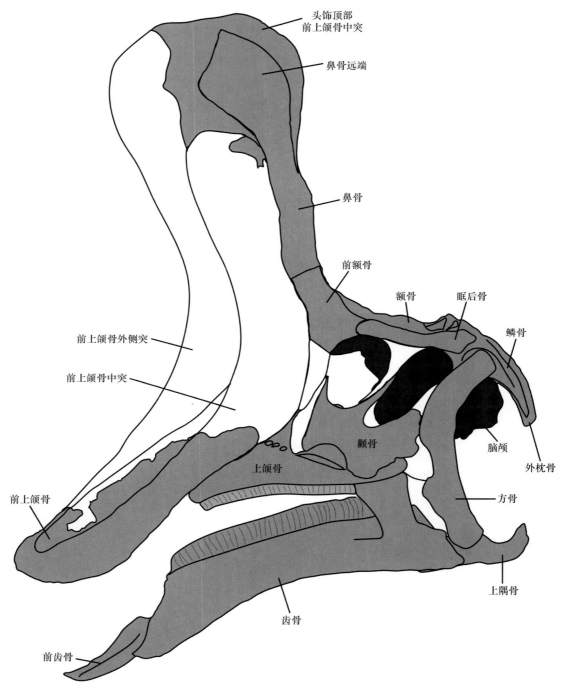

图3-23 棘鼻青岛龙头饰重建图(深色部分为真实骨骼)

如上所述,IVPP V 725中的鼻骨尾突两支之间存在一条狭窄的带状结构(图3-22c),Prieto-Márquez和Wagner(2013)将其视为与咸海牙克煞龙和说服哈萨克赖氏龙类似的狭窄的额骨前中突。然而,根据前文所述的关于这个狭窄带状结构外部形态描述和CT扫描显示的其内部与周围的鼻骨和额骨的关节关系,对这一结构做出了另一种解释,即这个结构很有可能是一个被沉积物填充的深沟(图3-22c,n~q)。尽管IVPP V 725中的狭窄带状结构并不是一个贯穿开口,但它与鼻骨和额骨有明显的界线(图3-22c),在CT扫描的图像中也清楚地显示了这一边界的存在(图3-22n~q)。此外,CT扫描结果显示这个狭窄带状结构中的物质与鼻骨和额骨不同,但与鼻骨-额骨缝合线,以及额骨间缝合线的物质是相同的。CT扫描显示,狭窄带状结构的矢状面呈半圆形,这与IVPP V 818中两侧额骨的鼻骨关节表面之间的裂隙的形态相同(图3-22e)。这个结构更类似于Godefroit等(2004)描述的阿穆尔龙(*Amurosaurus*)额骨前缘中间的半球状凹槽,它源于额骨-鼻骨囟门(frontal-nasal fontanelle)。额骨-鼻骨囟门是鼻骨和额骨之间的中央开口(Maryańska and Osmólska, 1979),在多种鸭嘴龙超科成员的化石中均有发现,其中属于鸭嘴龙超科基干类群列弗尼斯龙(*Levnesovia*)(Sues and Averianov, 2009),始糙齿龙(*Eotrachodon*)(Prieto-Márquez, 2016);栉龙亚科的冠长鼻龙(*Lophorhothon*)(Langston, 1960),以及较原始的赖氏龙亚科成员咸海龙(*Aralosaurus*)(Godefroit et al., 2004a),阿穆尔龙(*Amurosaurus*)(Godefroit et al.,

2004b)。额骨-鼻骨囟门的存在被认为是一种发育特征,并与头饰在发育过程中的变化相关,与较为进步的赖氏龙亚科成员的前上颌骨-鼻前囟门(premaxilla-nasal fontanelle)的作用基本相同(Maryańska and Osmólska, 1979; Prieto-Márquez, 2008)。如上所述的CT扫描显示,IVPP V 725的狭窄额骨-鼻骨沟向腹侧收缩,并几乎在底部关闭(图3-22n~q),因此这个沟可能没有穿透整个头骨顶部成为一个囟门,可能是因为IVPP V 725代表一个成年或亚成年个体,其额骨-鼻骨囟门已经开始愈合。然而,在较小的IVPP V 818中,鼻关节表面之间的裂缝几乎在底部是开放的,因此这可能代表一个较年轻的个体。我们推测在幼年或亚成年的棘鼻青岛龙头骨顶部可能有一个额骨-鼻骨囟门,在个体发育过程中,囟门的底部会融合和骨化,囟门变成了额骨和鼻骨之间的狭窄沟槽。

CT扫描显示,棘鼻青岛龙(*Tsintaosaurus spinorhinus*)的棒状鼻棘是一个实心夹层结构,而不是一个空心管状结构,并且在远端过程中存在一系列的断裂。鼻骨主体的棒状部分和基部的块状部分之间存在重要的断裂,如果将鼻骨的两个部分拼合在一起,鼻棘可能比目前的外观更向前倾斜。外部描述和CT扫描显示,鼻骨和额骨周围有一个狭窄的带状结构。这个结构可以解释为源自额骨—鼻骨囟门的充满沉积物的沟槽,这一结构可能发生在早期生长阶段。我们对棘鼻青岛龙头饰的重建结果(图3-24,图3-25)基本上与Prieto-Márquez和Wagner(2013)对青岛龙头冠的重建一致,但头饰的倾斜方向有所不同,并提供了一些关于青岛龙鼻棘的新信息。

图3-24 棘鼻青岛龙头饰复原
(a)CT扫描重建前的棘鼻青岛龙头饰复原;(b)CT扫描重建后的棘鼻青岛龙头饰复原。

图3-25　棘鼻青岛龙复原

3.3　杨氏莱阳龙

3.3.1　发现概述

自2008年起，古脊椎所汪筱林研究员带领的莱阳科考队，在莱阳进行了新一轮的大规模考察与发掘，连续多年在莱阳开展了古生物化石资源的调查、保护与研究工作。并于2010年古脊椎所与莱阳市政府合作开始对莱阳金岗口的1号（青岛龙化石地点）和2号（新发现的地点）两个化石地点进行了持续的大规模发掘（图1-9），发现了大量以鸭嘴龙为主的脊椎动物化石和恐龙蛋化石。

新发现的化石地点位于金岗口村东侧，在近年来对莱阳2号地点的恐龙化石的大规模发掘中，发现了大量产于上白垩统王氏群金刚口组地层中的以鸭嘴龙科为主的恐龙化石，其中大部分鸭嘴龙科化石具有明显的栉龙亚科特征，由于这些栉龙亚科化石形态相近，此外没有其他证据显示2号地点存在1种以上的栉龙亚科成员，因此暂时将目前发现的栉龙亚科的化石归于同一属种，而通过将其与其他栉龙亚科成员，尤其是亚洲的栉龙亚科成员比较后，认为新标本应代表一个栉龙亚科一独立的属种——杨氏莱阳龙（*Laiyangosaurus youngi* Zhang et al.，2017）（图3-26）。

通过对杨氏莱阳龙化石进行的形态学和系统学研究认为，杨氏莱阳龙区别于谭氏龙代表的鸭嘴龙超科基干类群成员，具有进步的鸭嘴龙科的特征；同时，杨氏莱阳龙又不同于以青岛龙为代表的赖氏龙亚科成员，而具有明显的栉龙亚科特征，应归于栉龙亚科；此外，杨氏莱阳龙还具有以下一些区别于其他栉龙亚科成员的特征：鼻骨背缘平直，外侧有一窄嵴；上颌骨齿主嵴偏后；上隅骨后关节骨突向外侧弯转；眼眶宽于下颞颥孔等。杨氏莱阳龙的发现丰富了莱阳鸭嘴龙动物群的组成，也为进一步讨论鸭嘴龙类的起源和演化提供了新的材料。

3.3.2　系统古生物学

鸟臀目　Ornithischia Seeley，1887

鸟脚亚目　Ornithopoda Marsh，1881

鸭嘴龙超科　Hadrosauroidea Cope，1869

栉龙亚科　Saurolophinae Brown，1914（sensu Prieto-Márquez，2010b）

莱阳龙属　*Laiyangosaurus* Zhang et al.，2017

模式种　杨氏莱阳龙 *Laiyangosaurus youngi* Zhang et al. 2017

鉴别特征　具有以下自近裔特征区别于其他栉龙亚科成员：鼻骨外侧面具有一条嵴，且相对较窄；上颌骨齿主嵴偏向尾侧；上隅骨后关节骨突向外侧弯转；颧骨的眼眶腹缘宽于下颞孔腹缘。此外，还具有与其他栉龙亚科成员不同的特征组合：鼻骨背缘较平直，不存在头饰；前上颌骨前缘具有小孔；颧骨泪骨突后缘背腹向扩展较小，前背向延伸，并构成眼眶的前腹边缘的一小部分；肱骨三角肌嵴较窄；肠骨后髋臼突的基部有一个短架；肠骨后髋臼突的中侧面有一个明显的中腹嵴。

杨氏莱阳龙　*Laiyangosaurus youngi* Zhang et al.，2017

正型标本　IVPP V 23401，较大的成年个体，包括左上颌骨、右鳞骨、左齿骨、枢椎、右肩胛骨、左肱骨、右尺骨、左桡骨、右耻骨和右腓骨，收藏于与古脊椎所。

图3-26 杨氏莱阳龙生态复原

归入标本 IVPP V 23402，较小的幼年个体，包括左上颌骨、右前上颌骨、右鼻骨、左鳞骨、左右齿骨、左右上隅骨、右胸骨、左乌喙骨、左肩胛骨、左右肱骨、右尺骨、左肠骨、右耻骨、右坐骨、左右股骨、左右胫骨、左腓骨；IVPP V 23403，较小的幼年个体，包括右上颌骨、左齿骨、左上隅骨、左胸骨、右肩胛骨、左肱骨、右尺骨、左桡骨、右坐骨、左腓骨；IVPP V 23404，较大的成年个体，包括左齿骨和荐椎；IVPP V 23405，较小的幼年个体，包括左上颌骨、左颧骨和左肠骨；IVPP V 23406，较小的幼年个体，包括方骨、右齿骨、颈椎、右乌喙骨、左肩胛骨、左尺骨、左肠骨、右股骨。以及一些头后骨骼（表3-1）。

地点与层位 山东省莱阳市金岗口村以东2号化石地点。上白垩统，王氏群，金刚口组。

鉴别特征 同属

3.3.3 描述与比较

（1）头部骨骼

前上颌骨 右侧前上颌骨，较小，后部破损，仅保存喙部以及背突和侧突的喙半部（图3-27，表3-1）。前上颌骨口腔边缘喙部略有破损，其前外侧角处有一断裂，与前上颌骨后侧突断开，但仍能看出前外侧角较圆滑，与短冠龙族（Brachylophosaurini）（Gates et al., 2011, Fowler and Horner, 2015）除外的其他栉龙亚科成员相

表3-1　归入标本列表

名　称	编　号
上颌骨	IVPP V 23402.1,IVPP V 23402.2,IVPP V 23403.1,IVPP V 23405.1
颧骨	IVPP V 23405.2
鼻骨	IVPP V 23402.3
方骨	IVPP V 23406.1
鳞骨	IVPP V 23402.4
齿骨	IVPP V 23402.5,IVPP V 23402.6,IVPP V 23403.2,IVPP V 23404,IVPP V 23406.2
上隅骨	IVPP V 23402.7,IVPP V 23402.8,IVPP V 23403.3
颈椎	IVPP V 23401.4,L2-110410-08,L2-140822-01,IVPP V 23406.3
背椎	L2-140815-11
荐椎	IVPP V 23404.2
尾椎	L2-150828-01
胸骨	L2-130908-14-2,L2-140805-01,L2-140812-09,IVPP V 23402.9,IVPP V 23403.4
乌喙骨	IVPP V 23402.10,L2-130818-02,L2-140730-01,L2-140807-02,L2-150828-03,L2-150828-04,IVPP V 23406.4
肩胛骨	IVPP V 23401.5,IVPP V 23402.11,IVPP V 23403.5,L2-130902-10,L2-130907-03,L2-140815-10,L2-140824-31,L2-140827-02,L2-120309-04,IVPP V 23406.5
肱骨	IVPP V 23401.6,IVPP V 23402.12,IVPP V 23402.13,IVPP V 23403.6,L2-130830-27,L2-130829-04,L2-130909-16
尺骨	IVPP V 23401.7,IVPP V 23402.14,IVPP V 23403.7,L2-150902-01,IVPP V 23406.6
桡骨	IVPP V 23401.8,IVPP V 23403.8,L2-150707-07
肠骨	IVPP V 23402.15,IVPP V 23405.3,IVPP V 23406.7
坐骨	IVPP V 23402.17,L2-130810-01
耻骨	IVPP V 23401.9,IVPP V 23402.16,IVPP V 23403.9,L2-140818-02,L2-140814-08
股骨	IVPP V 23402.18,IVPP V 23402.19,L2-130909-10,L2-130909-14,L2-130909-17,L2-140823-02,IVPP V 23406.8
胫骨	IVPP V 23402.20,IVPP V 23402.21,L2-130907-05,L2-120908-12,L2-130908-10
腓骨	IVPP V 23401.10,L2-130910-18,L2-130908-11

注：部分头后骨骼无正式编号，采用野外编号，L2代表莱阳2号地点，其后分别为采集日期和采集序号。野外编号的标本保存于中国科学院古脊椎动物与古人类研究所和山东莱阳白垩纪国家地质公园博物馆。

似，而区别于除棘鼻青岛龙（杨钟健，1958）和宽尾赖氏龙（*Lambeosaurus laticaudus*）（Morris，1981）外的大多赖氏龙亚科成员的前上颌骨前外角呈三角形向外侧突出（Prieto-Márquez，2010b）。前侧视，口腔边缘向腹外侧弯曲，背腹向扩展，且背侧视向后背侧延伸，形成一个较厚的唇状边，以及较深的前环鼻窝（图3-27a），与短冠龙族（Fowler and Horner，2015）、埃德蒙顿龙（Campione and Evans，2011；Xing et al.，2014b）、青岛龙（杨钟健，1958）相似。腹侧视，口腔边缘前腹侧具有两层小齿，前背部小齿部分破损，仅保存内侧2枚小齿，呈近圆锥状，向前腹侧突出；后腹侧共4枚小齿，呈金字塔状，有一向前腹侧突出的尖端。前背部小齿较大，后腹侧较小，且两层小齿均由内向外逐渐减小，两层小齿之间并没有较深的窄沟（Prieto-Márquez，2011），而只是每个小齿背侧仅有一个小孔。

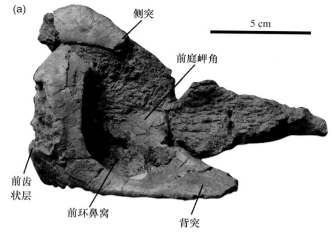

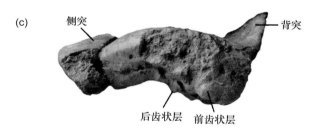

图3-27 杨氏莱阳龙右前上颌骨（IVPP V 23402.2）
（a）背侧视；（b）腹侧视；（c）前侧视。

前上颌骨外侧突内外向压缩，仅保存前半部分；前上颌骨后背突位于前上颌骨内侧，同样仅保存喙半部，内外向压缩呈薄壁状向尾背侧延展，且高度逐渐收缩，内侧面光滑，为两侧前上颌骨结合面，向后未保存部分应为与鼻骨背突的关节面。

背侧视，前上颌骨口腔边缘与外侧突和背突共同围成一个前后向伸长椭圆形的环鼻窝，环鼻窝前外侧为一个喙尾向略长的扇形的前厅隆起（vestibular promontory），前厅隆起将环鼻窝分成前后两部分，前环鼻窝和后环鼻窝，与连接埃德蒙顿龙（Prieto-Márquez，2014；Mori et al.，2015）相似，前厅隆起外侧还应有一个狭长的外侧环鼻窝，但这一部分被围岩覆盖，后环鼻窝喙外侧边缘也未保存。

鼻骨 仅发现一个较小的右侧鼻骨，前后两端以及腹侧边缘均有破损（图3-28，表3-2）。鼻骨前半部份为窄条状的前背突，略向腹侧弯曲，与昆杜尔龙（Kundurosaurus）（Godefroit et al.，2012）类似，比埃德蒙顿龙（Edemontosaurus）（Lambe，1917）、冥犬龙（Kerberosaurus）（Bolotsky and Godefroit，2004）弯曲，但较钩鼻龙（Gryposaurus）（Gates and Scheetz，2014；Prieto-Márquez，2011）等差距较大。外侧视，喙背突外侧后部有一条明显的嵴，向后腹侧弯曲延展至鼻骨背板前缘，构成了外鼻孔的后缘和背缘，同时也是环鼻窝的界限，这一特征区别于大部分鸭嘴龙科成员，而与埃德蒙顿龙族（Edmontosaurini）成员相似（Prieto-Márquez，2008；Godefroit et al.，2012）。但杨氏莱阳龙的这一外侧嵴相对较窄，仅在延伸至鼻骨后板腹半部分时才逐渐加宽，而在昆杜尔龙中这条嵴则整体较宽且扁平，而冥犬龙中则并未延伸至鼻骨后板，虽然在埃德蒙顿龙中这条嵴的前背突段具有一个明显的向上的弓形弯曲，与杨氏莱阳龙明显不同，但这一区别可能是由于个体发育造成（Campione and Evans；2011；Mori，2014）。

图3-28 杨氏莱阳龙右侧鼻骨（IVPP V 23402.3）
（a）外侧视；（b）内侧视。

表3-2 杨氏莱阳龙部分头部骨骼测量(单位:mm)

测量位置	测量数据
前上颌骨(IVPP V 23402.2)背突保存长度	105
前上颌骨(IVPP V 23402.2)口腔边缘保存宽度	96
鼻骨(IVPP V 23402.3)保存长度	147
鼻骨(IVPP V 23402.3)保存高度	51
鼻骨(IVPP V 23402.3)前突保存长度	74
鼻骨(IVPP V 23402.3)后板保存长度	73
颧骨(IVPP V 23405.2)长度	106
颧骨(IVPP V 23405.2)喙突长度	52
颧骨(IVPP V 23405.2)喙突高度	57
方骨(L2-110729-P2-B)长度	72
鳞骨(IVPP V 23401.2)保存长度	122
鳞骨(IVPP V 23401.2)方骨髁宽度	50
鳞骨(IVPP V 23401.2)前方骨突长度	56
鳞骨(IVPP V 23402.4)保存长度	65
鳞骨(IVPP V 23402.4)方骨髁宽度	23
鳞骨(IVPP V 23402.4)前方骨突长度	24
下隅骨(IVPP V 23402.7)长度	100
下隅骨(IVPP V 23402.7)长度	33

鼻骨尾半部分为尾板,呈内外压缩的扁平板状,虽然后部略有破损,但从保存部分可看出其前后长明显大于背腹高,其外围轮廓在内外侧视呈近长方形。同样由于后端破损,鼻骨外侧尾部的前额骨关节面大部分缺失,只有小部分保存。尾板腹侧为一条较窄的凹槽,与前上颌骨关节。尾板内外侧均较光滑,内凹外突,其内侧为鼻腔。

上颌骨 共发现4个上颌骨,1个较大的左侧上颌骨IVPP V 23401.1,3个较小的上颌骨,其中IVPP V 23403.1

为右侧上颌骨,IVPP V 23405.1和IVPP V 23402.1为左侧上颌骨(图3-29,表3-3)。这些上颌骨保存都相对完整,仅部分标本背突和前后端略有破损,整体形态基本相同,表现为明显的赖氏龙亚科上颌骨特征(Prieto-Márqueza,2010b)。杨氏莱阳龙的上颌骨外侧视呈近等腰三角形,背突位于中间。上颌骨喙部均有不同程度的破损,但从喙部保存较好的IVPP V 23403.1和IVPP V 23402.1可见相对完整的前背突与前腹突,及其间的凹痕;而虽然IVPP V 23405.1和IVPP V 23402的前腹突、前背突均破损严重,但仍可见前背突存在的痕迹和趋势。上颌骨前的关节面位于前背突和前腹突之间,为一个明显朝向前背侧的斜面,背尾向延展,结束于上颌骨孔前。上颌骨前背侧有一个较大的上颌骨孔,位于上颌骨前关节面后方,朝向前外侧。

上颌骨孔的内侧为泪骨关节面,泪骨关节面呈直线,沿背尾向延伸至上颌骨背突的背缘,IVPP V 23401.1和IVPP V 23403.1的上颌骨背突前部破损,泪骨关节面未保存,IVPP V 23405.1和IVPP V 23402.1上颌骨背突较完整,泪骨关节面明显可见。外侧视,上颌骨背突为一个呈三角形的较薄的骨片,背端略向内侧弯曲,背突外侧为颧骨关节面背半部分,与颧骨前突的背部区域相接。外侧视,背突腹侧有一浅槽将背突与颧骨关节面的腹半部分隔开,此槽呈喙尾向,开始于上颌骨孔结束于背颧骨结节。槽的中部有一扁圆形小孔。槽的腹侧为颧骨关节面的腹半部分,是一个呈倒三角形朝向后背侧的斜面,其背侧边缘略有突起,尾端为背颧骨结节,其腹侧为一较明显的略带弧度的嵴,沿着此嵴腹侧有3～4个上颌骨孔连成一排,向后变小,颧骨关节面腹侧嵴向后与外翼骨嵴相连,以腹颧骨结节分隔,腹颧骨结节位于背颧骨结节下方。外翼骨架的外侧缘是一个明显的较厚的外翼骨嵴,且向后逐渐变厚,外翼骨嵴近于水平,长度占整个齿槽长度的40%,与鸭嘴龙科成员相同,较大的IVPP V 23401.1与其他3个小上颌骨没有明显区别,杨氏莱阳龙的外翼骨嵴并没有像埃德蒙顿龙一样随着个体发育而显

表3-3 杨氏莱阳龙上颌骨测量(单位:mm)

测量位置	上颌骨长度	上颌骨高度	上颌骨背突长度	上颌骨外翼骨嵴长度	上颌骨齿列长度	上颌骨齿数
IVPP V 23401.1	370	110	105	150	340	41
IVPP V 23402.1	190	65	60	80	165	32
IVPP V 23403.1	150	60	55	65	125	—
IVPP V 23405.1	180	60	55	70	160	35

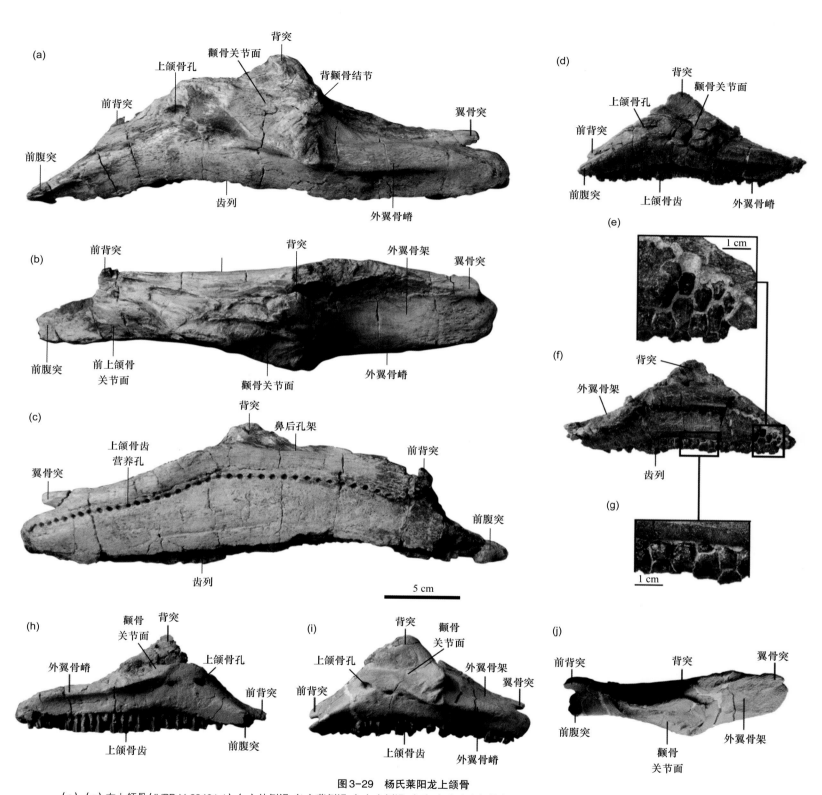

图3-29 杨氏莱阳龙上颌骨

（a）-（c）左上颌骨（IVPP V 23401.1）：（a）外侧视，（b）背侧视，（c）内侧视；（d）-（g）左上颌骨（IVPP V 23405.1）：（d）外侧视，（f）内侧视，（e）上颌骨齿槽内侧视，（g）上颌骨齿咬合面内侧视；（h）右上颌骨（IVPP V 23403.1）外侧视；（i）-（j）左上颌骨（IVPP V 23402.1）：（i）外侧视，（j）内侧视。

著变长（Prieto-Márquez，2014）。IVPP V 23405.1和IVPP V 23403.1的外翼骨架内侧后部破损严重，外翼骨突未保存，IVPP V 23401.1和IVPP V 23402.1的外翼骨突保存完好，位于外翼骨架尾背部内侧，向后突出的短突。外翼骨架内侧前背部有一个腭骨突，IVPP V 23402.1的颚骨突保存较完整，其余3个上颌骨的颚骨突虽然破损保存不完整，但仍可见部分，其形态应与IVPP V 23402.1相同。内侧视，其为前后向延展，内外向压缩的长条形，前端略向背侧突起。而背侧视，这一颚骨突背侧面为一个长椭圆形的颚骨关节面（图3-29b，j），与昆杜尔龙（Godefroit et al.，2012）相同，而区别于冥犬龙（Bolotsky and Godefroit，2004）和巨型山东龙（胡承志等，2001）强烈向上凸起的钩状（hook-like）颚骨突。腭骨突与背颧骨结节之间有一扁圆形孔，这个孔与四个上颌骨孔和背突腹侧凹槽的孔均相连。上颌骨内表面主要由齿墙组成，齿墙的背侧为一条弧形的齿槽营养孔，中部的营养孔线位于上颌骨内侧面中央。营养孔线的背侧有一条明显的嵴，其中部背侧为后鼻孔架，向前与前背侧槽相连。

鸭嘴龙类恐龙随着个体增长，其上颌骨会相对变长变矮，其高度（上颌骨背突顶点至齿槽边缘的距离）与长度（上颌骨喙腹突顶点至外翼骨突尾端的距离）的比值会减小（Campione and Evans，2011；Prieto-Márqueza，2014；Mori et al.，2015）。较大的IVPP V 23401.1的比值（0.29）低于较小的新标本（0.35～0.38）符合这一个体发育规律。

上颌骨齿槽呈拱形，中部略向背侧凹入。大上颌骨IVPP V 23401.1的齿列有41个齿槽，上颌骨齿密度（上颌骨齿列中每厘米内的齿数）为1.22齿/cm，小上颌骨（IVPP V 23402.1和IVPP V 23405.1）的齿槽数分别为33和35，上颌骨齿密度分别为2.18齿/cm和2.36齿/cm。在鸭嘴龙个体发育过程中，上颌齿齿数随着上颌骨齿列的增长而增加，齿密度会降低（Prieto-Márquez，2008，2014），大上颌骨IVPP V 23401.1与其他3个小上颌骨齿数和齿密度的差异符合这一规律，应为个体发育变化所致，且4个上颌骨形态特征基本相同，因此将其都归于杨氏莱阳龙，较大的IVPP V 23401.1代表一个成年个体，而其余3个小上颌骨可能为幼年个体或亚成年个体。

杨氏莱阳龙齿列的咬合面上具有一颗或两颗功能齿，每个齿槽上至少有3颗牙齿（图3-29e），见于小上颌骨IVPP 23405.1。与其他鸭嘴龙科相同，杨氏莱阳龙的上颌齿齿冠的唇面只有一条较明显的中嵴（Prieto-Márquez，2008）。这条中嵴较直，但其位置有的位于齿冠中央，而

有的则略偏向尾侧，区别于大部分鸭嘴龙科成员，而属于鸭嘴龙超科基干类群的姜氏巴克龙（*Bactrosaurus johnsoni*）（Gilmore，1933）和尼日豪勇龙（*Ouranosaurus nigeriensis*）（Taquet，1976）类似。杨氏莱阳龙上颌骨齿齿冠前后边缘平滑，没有小齿。

颧骨 仅发现一个较小的左颧骨，保存较完整，仅眶后骨突和方颧骨翼有破损，整个颧骨外侧面较平滑，外侧面略凸，内侧面略凹（图3-30，表3-1）。这一颧骨发现于上颌骨IVPP V 23405.1附近，且这两个骨骼的关节面正好可以相互吻合，因此推测这一对上颌骨和颧骨可能属于同一个体。外侧视，这一颧骨喙突呈不对称三角形，前后向长度大于背腹向宽度，喙突前尖呈楔形（wedge-shaped），前尖位于喙突的背半部，与除了短冠龙族（Brachylophosaurini）之外的大部分栉龙亚科成员相似，而短冠龙族成员的颧骨喙突呈前后向较长的背腹向近于对称的等腰三角形，此外赖氏龙亚科成员的颧骨喙突背腹向高度大于前后长，其前缘呈近似弓形（Prieto-Márquez，

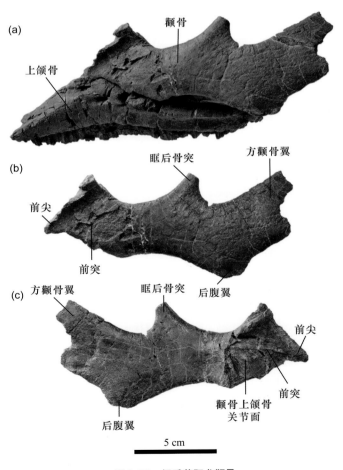

图3-30 杨氏莱阳龙颧骨

（a）左上颌骨（IVPP V 23405.1）和左颧骨（IVPP V 23405.2）拼合图片外侧视；（b）-（c）左颧骨（IVPP V 23405.2）：（b）外侧视，（c）内侧视。

2008）。喙突前尖腹缘近水平，向后腹侧弯转，延伸形成喙突腹缘，但喙突腹缘略有破。外侧视，喙突前背缘略向外翻转，沿后背向延伸，为一条狭长且较浅的凹槽，为泪骨关节面，因此喙突背侧顶点即为颧骨泪骨突。泪骨突的后侧边缘较短呈前背向扩展，形成眼眶前腹边缘的一部分，然而在其他大部分栉龙亚科成员中泪骨后边缘较长且后背向伸展（Prieto-Márquez，2008，2010b）。内侧视，喙突内侧为一宽阔的上颌骨关节面，其后缘为一条背腹向发育的嵴，嵴的背半部分向前倾斜与泪骨关节面相连，为颚骨关节面，嵴的腹半部分为上颌骨关节面与喙突腹突相。内侧视，上颌骨关节面中部发育一条前后向的横嵴，将上颌骨关节面分为背腹两半，腹部有一列突起和凹槽。眼眶腹缘略宽于下颞颥孔腹缘，但下颞颥孔收缩高于眼眶收缩。眶后骨突向后背侧延伸，其背半部分未保存。喙突与后腹翼之间的颧骨腹湾较宽阔，向背侧微微弯曲，与栉龙亚科成员相似，而区别于赖氏龙亚科成员较深的颧骨腹湾（Prieto-Márquez，2008）。颧骨后腹翼略微扩展，后腹翼最大背腹高（下颞颥孔腹缘至颧骨后腹翼腹缘顶点的距离）与下颞颥孔收缩的最小高度（下颞颥孔腹

缘与颧骨腹缘之间的最小垂直距离）的比值为1.2，与埃德蒙顿龙相似。方颧骨翼保存不完整，但依然可见其应为耳状，其前背边缘和后腹边缘近于平行。方颧骨翼和后腹翼之间的颧骨腹边缘有一个较浅的凹度，方颧骨关节面位于方颧骨翼的背半部。

方骨 发现一个较小的右侧方骨（IVPP V 23406.1），相对较直，背端略向后稍有弯曲（图3-31，表3-1），鸭嘴龙类方骨向后弯曲程度可能在个体发育过程中逐渐增大（Mori，2014）。方骨顶端为方骨头，保存不完整，背侧视，其截面大致呈三角形。从外侧看，背半部分为一个向前凸出的呈弓形的方颧骨翼，这一方颧骨翼背腹向较长，长度约为整个方骨背腹长度的一半，其内外向压缩，前缘略有破损；方颧骨翼腹侧为一个较长的方颧骨切迹，方颧骨切迹仅保存背部边缘，可见其背侧方颧骨关节面为面向前腹侧的狭长的关节面；但其腹半部破损，因此无法判断方颧骨切迹的形态，但其背部边缘与方骨后侧边缘之间的夹角约为25°，与短冠龙族（Gates et al.，2011，Fowler and Horner，2015）和独特钩鼻龙（Lambe，1914；Gates and Sampson，2007）相似。方颧骨切迹位于方骨腹半部，方颧

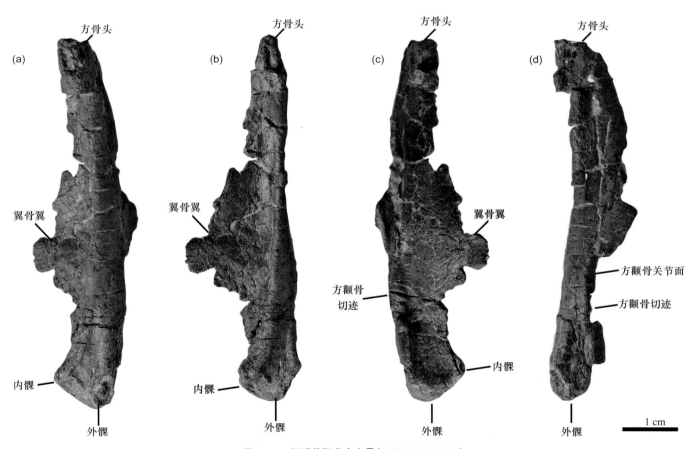

图3-31 杨氏莱阳龙右方骨（IVPP V 23406.2）
（a）外侧视；（b）后侧视；（c）内侧视；（d）前侧视。

骨切迹中点至方骨头的距离与方骨背腹向长度的比值约为0.65,与其他栉龙亚科成员相似(Prieto-Márquez,2008)。

从后侧看,整个方骨被中央一条略向内弯的纵脊所贯穿,这条纵脊形成方骨的后侧边缘,其两侧分别为外侧的方颧骨翼和内侧的翼骨翼;后缘背部近方骨头处有破损变形严重,未见鳞骨突。从内侧看,有一个大致完整的三角形的翼骨突,翼骨翼同样内外向压缩,其顶点位置略低于方骨背腹高度的中点,这一翼骨翼向前内侧突出,其长度约占方骨长度的2/3,此外,翼骨翼的内侧面中部有一浅窝。从前面看,在两者之间则发育着一条深沟,翼骨凸缘的前外侧面略有突起。方骨的腹端由两个下颌髁组成,外髁较大,呈圆形,位于内髁,外髁的外背侧略有破损;内髁较小,呈三角形,略向内侧突起。

鳞骨 发现一大一小两个鳞骨,较大的为右侧鳞骨(IVPP V 23401.2),其前端的眶后骨突大部分破损,后端的后方骨突和顶骨突均未保存;而较小的为左侧鳞骨(IVPP V 23402.4),大部分保存,但前后端也略有破损(图3-32,表3-1)。两个鳞骨的眶后骨突都内外向压缩,内侧平滑,外侧有一较宽较浅的长方形凹窝,为眶后骨突关节面,与眶后骨鳞骨突相关联(图3-32a,c)。外侧视,在较大标本中眶后骨突关节面尾端位于方骨髁喙尾向中点的上方(图3-32a,c);而较小的标本中眶后骨突关节面尾端位于前方骨突与方骨髁交点的上方,这一差别应为个体发

育所致(Mori,2014)。前方骨突横截面呈三角形,喙腹向延伸,其长轴与喙突腹缘呈60度角,IVPP V 23401.2前方骨突长度大于方骨髁喙尾长,而IVPP V 23402.4前方骨突长度与方骨髁喙尾长相近,也与个体发育有关(Mori,2014)。两个鳞骨后方骨髁尾缘和腹端均破损,但从保存部分可见其较粗壮,向腹侧延伸。两个方骨突中间是一个面向腹侧的凹窝,用以容纳方骨头,为方骨髁,其喙尾长大于背腹深。内视可见,两个鳞骨的尾缘和顶骨突均未保存。

齿骨 共发现6个齿骨,其中2大4小(图3-33,表3-4)。2个较大的均为左齿骨,白色IVPP V 23401.3基本完整,前部的联合突略有破;黑色的IVPP V 23404.1前部联合突大部分未保存,后部尾端和腹缘都有破损。4个较小的齿骨为3左一右,其中右侧齿骨IVPP V 23402.5相对完整,但前部联合突也大部分破损,而左侧小齿骨IVPP V 23406.2基本保存完,IVPP V 23402.6和IVPP V 23403.2,前部大部分缺失,后部尾端也有较大破损。齿骨整体内外向压缩,外侧突出,内侧凹入。齿骨前部为无齿的联合突,除IVPP V 23406.2外均有不同程度的破损,由IVPP V 23401.3、IVPP V 23404、IVPP V 23402.5和IVPP V 23406.2可见,联合突向内腹侧弯曲,IVPP V 23401.3和IVPP V 23406.2联合突保存相对较多,可见整个无齿的部分弯曲程度不大,但较长,约为齿列长度的1/2。在较小的且保存较好的IVPP V 23406.2中无齿部分近端斜坡长

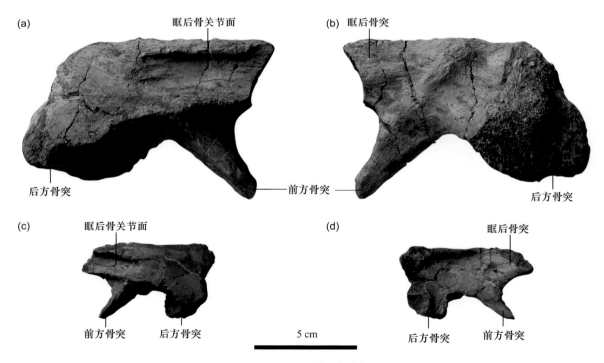

图3-32 杨氏莱阳龙鳞骨
(a)-(b) 右鳞骨(IVPP V 23401.2):(a) 外侧视,(b) 内侧视;(c)-(d) 左鳞骨(IVPP V 23402.4):(c) 外侧视,(d) 内侧视。

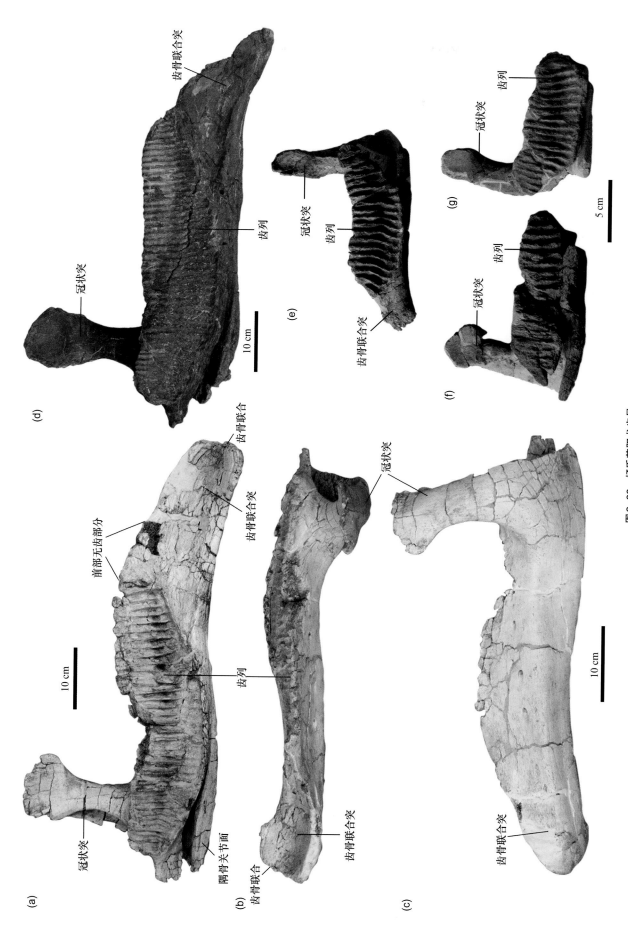

图3-33 杨氏莱阳龙齿骨

(a)－(c) 左齿骨 (IVPP V 23401.3)：(a) 内侧视、(b) 背侧视、(c) 外侧视；(d) 左齿骨 (IVPP V 23404.1) 内侧视；(e) 右齿骨 (IVPP V 23402.5) 内侧视；(f) 左齿骨 (IVPP V 23402.6) 内侧视；(g) 左齿骨 (IVPP V 23403.2) 内侧视。

表3-4　杨氏莱阳龙齿骨测量（单位：mm）

测量位置	齿骨长度	齿骨联合突长度	前部无齿部分长度	齿骨齿列长度	齿骨齿列高度	齿骨齿数	冠状突顶点距齿列距离
IVPP V 23401.3	740	—	—	450	150	49	150
IVPP V 23404.1	650（保存）			460	140	46	180
IVPP V 23402.5	216（保存）			118（保存）	125	21（保存）	150
IVPP V 23406.2	250（保存）	56	35	180	47	30	—

度（前齿骨关节面尾端距齿列前端的距离）约为齿列长度1/5，但在个体发育中这一比值会增大，无齿部分近端斜坡长度会明显增加，但由于较大的齿骨IVPP V 23401.3前部无齿部分背边缘也有破损，因此无法判断其无齿部分近端斜坡的长度。

齿骨齿列的背侧边缘相对较直，近乎平行于腹侧边缘，仅在后部其腹边缘略有向腹侧的凸出。所有标本的齿列中都没有牙齿保存，IVPP V 23401.3的齿列由49个狭长的齿槽组成，IVPP V 23404.1的齿列有46个齿槽，IVPP V 23402.5有21个齿槽，IVPP V 23402.6和IVPP V 23403.2齿列不完整。较大的IVPP V 23401.3和IVPP V 23404的齿密度（1 cm齿槽中包含的齿数）接近于1，而较小的IVPP V 23402.5和IVPP V 23406.2的齿密度分别为1.6和1.8，与上颌骨齿类似，符合鸭嘴龙个体发育规律（Prieto-Márquez，2008；2014）。IVPP V 23401.3和IVPP V 23404.1齿列尾缘位于冠状突尾缘的之后，IVPP V 23402.5的齿列尾缘刚刚超过冠状突尾缘，IVPP V 23402.6和IVPP V 23403.2齿列尾部破损，而IVPP V 23406.2的后部和冠状突后部均破损未保存。齿列后侧为一个三角形的齿骨夹肌骨突，夹肌骨突外侧、冠状突下方为一个较大的内收肌凹窝，向前延展为下颌骨沟，并逐渐变窄，至齿列中间偏前处结束。齿列后外侧为一个细长的冠状突，冠状突向前倾斜，中部前后向收缩，背端前后向扩展，内外向压缩，向外弯曲，外凸内凹，与鸭嘴龙科成员相似（Prieto-Márquez，2008）。冠状突高度（冠状突背端顶点至齿列背缘的距离）略大于齿骨主体高度。齿骨外侧中部偏下有一条前后向的嵴，沿着嵴的背侧排列着一排齿骨孔。齿骨背腹均缘较平直，腹缘在冠状突下方处略向腹侧突出。顶视可见，齿骨外缘平直，内缘在齿列中部处向内突出。

上隅骨　共有3个较小的上隅骨，其中完整的IVPP

V 23402.7为左侧上隅骨，而左上隅骨IVPP V 23403.3和右上隅骨IVPP V 23402.8前后端均有破损（图3-34，表3-1）。上隅骨前部内背侧面上有一个三角形凹窝，外侧齿骨关节面并不十分明显，隐约可见三角形的关节面轮廓。上隅骨前部为一个背向伸展的上升突，外侧面上并未发育上隅骨孔。背侧视，这一上升突内外向压缩，前后向扩展也较小，呈窄条状（strap-like），且向背侧变窄。自上隅骨背侧中间有一条较高的背腹向压缩中矢状嵴，自上隅骨中部延伸至尾部关节骨突，这条中矢状嵴将上隅骨分成背腹两部分，背侧为一个呈D型的唇状突（lip），这一唇状突背腹向扩展。内侧视，有一凹窝位于这一唇状突后侧，是用以容纳方骨髁的关节面。中矢状嵴腹侧为夹板骨关节面，而夹板骨关节面腹侧还有一个较矮的矢状嵴，近乎与中矢状嵴平行。这一较矮的矢状嵴腹侧为隅骨关节面，隅骨关节面即为上隅骨的腹侧边缘。上隅骨后部为一个内外向压缩的后关节骨突，与其他栉龙亚科成员的上隅骨后关节骨突向后侧伸展不同，杨氏莱阳龙的后关节骨突不仅向后伸展，同时还向背外侧翻转，其前后向逐渐变窄（Prieto-Márquez，2008）。

（2）中轴骨骼

脊椎骨埋藏散乱，保存较好者较少，大部分椎体与神经弓分离，因此单个椎体较多，神经弓大多破损。脊椎骨特征与一般鸭嘴龙科成员类似，暂时难以区分种别以及属别，由化石发现数量的比例和埋藏分布位置，暂将这些脊椎骨骼归于杨氏莱阳龙。

枢椎　枢椎（IVPP V 23402.9）较大，保存基本完整，其椎体和神经棘的背侧凸缘保存完好，但后关节突和横突破损，神经弓已融合于椎体之上（图3-35）。枢椎呈后凹形，前后长度较小。枢椎背腹高度大约是长度的两倍。侧视，椎体呈沙漏形状，中部凹陷，腹侧有多个营养孔。

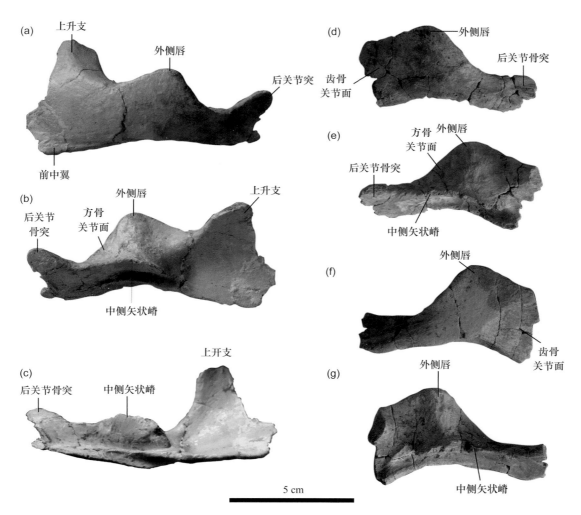

图3-34 杨氏莱阳龙上隅骨

（a）-（c）左上隅骨（IVPP V 23402.7）：（a）外侧视，（b）内侧视，（c）腹侧视；（d）-（e）左上隅骨（IVPP V 23403.3）：（d）外侧视，（e）内侧视；（f）-（g）右上隅骨（IVPP V 23402.8）：（f）外侧视，（g）内侧视。

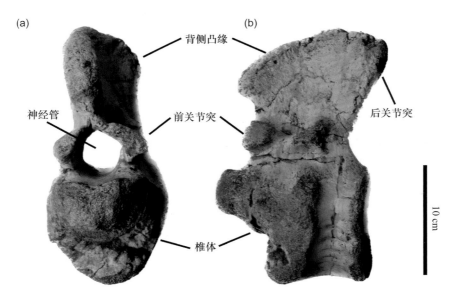

图3-35 杨氏莱阳龙枢椎
（a）前视；（b）左侧视。

椎体前侧背半部分有一个明显的圆锥状齿突。神经棘与椎体背部融合，并围成一个椭圆状神经管。每个神经弓的头部前外侧都有一个明显的前关节突，其上具一椭圆形被轻微侵蚀的面向背外侧的关节面。前关节突在后外部与强烈侵蚀的横突相连。背侧凸缘占据整个神经棘的绝大部分。背侧凸缘的背边缘开始于一个钩状的前尖，并一直延展到后关节突之前，没有明显地向腹侧凹陷，这与短冠龙族（Guthbertson, 2006; Prieto-Márquez, 2014）和栉龙（Maryańska and Osmólska, 1984）的枢椎神经棘背侧凸缘与后关节凸缘被一明显腹向凹陷所分开不同。背侧凸缘向后延伸，与两个强烈破损的后关节突相连。

颈椎 颈椎椎体呈后凹型，前后向较长，背腹向压缩，背腹高小于前后宽。前端突出呈半球状，后端凹入呈碗状，前后视椎体外围轮廓呈扁椭圆状。椎体侧面略凹入，上下中线处有一横脊，椎体横突位于这条脊的前端。在椎体的背侧，神经弓围绕形成了一个大的椭圆形神经孔。神经脊较短或只保存基部痕迹。神经弓横突位于神经弓左右两侧；其明显向外侧突出，呈弓形分布。神经弓横突的内半部分发育有一个棒状的前关节突，前关节突

的关节面相对较平，呈椭圆形，并朝向背内侧和前方。后关节突自神经脊的后缘发生分叉，并向后背侧和外侧延伸弯曲，其末端形成了一个椭圆形的关节面，该关节面朝向为外后腹向。

背椎 背椎椎体呈后凹型，前部背椎前后向较长，后部背椎较短，背腹高于左右宽。前端略凸，后端凹入呈碗状，前后视椎体外围轮廓呈心形。在椎体的背侧，神经弓围绕形成了一个近圆形神经孔。神经弓横突位于神经弓左右两侧；相对较直，前部背椎神经弓横突向背外侧延伸，而后部背椎神经弓横突呈水平方向向外延伸。神经弓横突的前内部为前关节突，前关节突的关节面面向前外侧。神经脊位于神经弓的后背部，左右向压缩，前后向较宽，成长条状向背侧延伸。其后腹侧为后关节突，为一对向后突出的短突，关节面朝向为外腹侧。

荐椎 荐椎（IVPP V 23404.2）由9个融合的椎骨组成，包括1个背荐椎，7个真荐椎和1个荐尾椎，而所有荐椎的神经棘都未保存，仅保存神经棘根部，显示它们呈板状，并稍微向后上方延伸（图3-36）。健壮的横突从神经弓的基部向外水平扩展，其横截面上近三角形。每个横

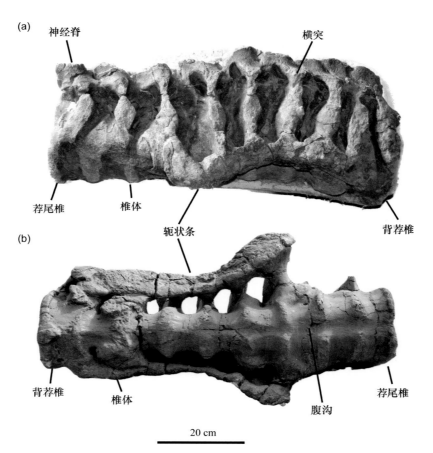

图3-36　杨氏莱阳龙荐椎
（a）右侧视；（b）腹视。

突的基部都有一个骨板向下延伸,前6个荐椎的骨板与位于椎体基部前后向延伸的一个粗壮而蜿蜒的轭状条相融合。然而,与巨型山东龙和棘鼻青岛龙相同,最后一个荐椎的骨板没有参与轭状条的组成。这一轭状条在侧视中呈轻度向上凸,而在腹视中在其尾部呈向外弯曲状。背荐椎的椎体相对粗壮,其前关节面呈心形,与背荐椎相比,接下来的4个荐椎相对较细,相反,最后4个荐椎和荐尾椎的椎体则特别巨大。荐尾椎的椎体横向较宽,并具有近六边形的尾关节面。在椎体腹侧中央,有一个凹槽沿着最后7个椎体腹侧面中央前后向延伸,而前部两个椎体的腹侧面中央则呈凸起状。

尾椎 前部尾椎椎体前后向较短,左右向较宽,前后表面轮廓呈扁椭圆形或长方形;后部尾椎前后向较长,前后表面呈近六边形。神经弓较厚,围成一个相对较小的神经孔,神经弓前背侧为一对较短的向前突出的前关节突,其关节面面向前内侧。神经弓后背侧为一个较长的圆柱状的神经棘,后背向延伸,神经棘后腹部又一对较小的近圆形的后关节突,关节面面向后外侧。椎体前后面腹缘的内外两侧各有一个倾斜的关节面,与人字骨相连。

人字骨前后视均呈反向的人字形,由一对条状的近端突和一个棒状的远端骨干组成。近端突呈内外向压缩的扁条状,背侧端点略有扩展,形成一个椭圆形的关节面,与尾椎椎体腹缘关节面相接,共同围成一个三角形脉管。两侧近端突向远端会聚成一个较扁的圆柱状的远端骨干,向后腹侧伸展。

胸骨 发现的杨氏莱阳龙胸骨均有不同程度的破损,仅个别胸骨的前板和后突两部分均有保存,而其余胸骨的前板中后突和后突远端部分均未保存。两个属于幼年个体的较小的胸骨,左侧(IVPP V 23403.4)(图3-37a,b)和右侧(IVPP V 23402.9)(图3-37c)均几乎完整,只

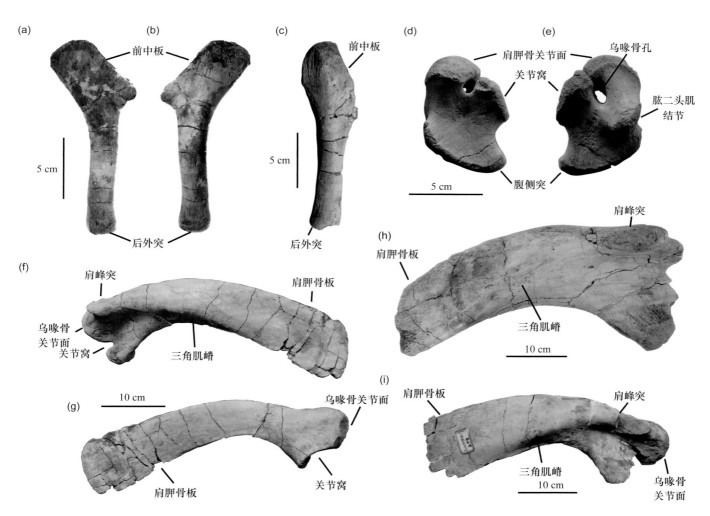

图3-37 杨氏莱阳龙胸骨及肩带骨骼
(a)-(b)左胸骨(IVPP V 23403.4):(a)腹视,(b)背视;(c)右胸骨(IVPP V 23402.9)背视;(d)-(e)右乌喙骨(IVPP V 23402.10):(d)中视,(e)外视;(f)-(g)左肩胛骨(IVPP V 23403.5):(f)外视,(g)中视;(h)右肩胛骨(IVPP V 23401.5)外视;(i)右肩胛骨(IVPP V 23402.11)外视。

有 IVPP V 23402.9 的胸骨前中板前内侧局部缺失。这些胸骨呈斧头状，整体背腹向压缩，与其他鸭嘴龙类似，具有扁平的背侧面和凸起的腹侧面。胸骨由前半部片状的前中板和后部的杆状后外突两部分组成，后外突远端粗糙并略微扩展，且明显比前中板更长，这与大多数鸭嘴龙相似，但与阿穆尔龙（Godefroit et al., 2004）、青岛龙（杨钟健，1958）以及大多数鸭嘴龙超科基干类群（non-hadrosaurid hadrosauroids）不同（Prieto-Márquez, 2008）。胸骨前中板呈四边形，其中间部分较厚，其后内角处向中侧突出，类似于埃德蒙顿龙（Prieto-Márquez, 2008）。前中板的近端边缘在背侧面和腹侧面都很粗糙，外侧边缘略微凹陷。

（3）肩带

乌喙骨 发现的乌喙骨均较小，目前已修理并描述的标本包括7块乌喙骨，其中4块右侧乌喙骨，3块左侧乌喙骨（表3-5）。一个幼年个体较小的右侧乌喙骨（IVPP V 23402.10）（图3-37d～f）保存完整，整体呈近四边形，中外侧压缩。关节窝和肩胛骨关节面位于其背半部，肱二头肌结节和腹侧突位于其腹半部。在侧面观中，关节窝和肩胛骨关节面之间的角度大于120°，这与大多数鸭嘴龙科成员不同，但与鸭嘴龙超科基干类群更为相似（Prieto-Márquez, 2008）。然而，莱阳龙小乌喙骨的较大角度可能是由于个体发育差异造成的，因为姜氏巴克龙的成年和幼年个体的关节窝和肩胛骨关节面之间的角度变化也较大（Gilmore, 1933）。关节窝和肩胛骨关节面均略呈凹面状，其中关节窝呈"D"形，肩胛骨关节面呈近似圆形。肩胛骨关节面的外侧边缘约为关节窝外侧边缘宽度的三分之二。卵圆形的乌喙骨孔沿着关节窝和肩胛

骨关节面之间的连接部位沿中外侧穿透乌喙骨。IVPP V 23402.10中，乌喙骨孔没有闭合，关节窝和肩胛骨关节面之间存在一个狭窄的凹槽。乌喙骨孔是否完全闭合同样是一个重要的个体发育特征（Brett-Surman and Wagner, 2006; Prieto-Márquez, 2014）。

乌喙骨前边缘略凹入，与粗壮且略向前背侧突出的肱二头肌结节相连，这与大部分鸭嘴龙科类似。中侧视，肱二头肌结节和腹侧突之间有一个明显缺口。钩状腹侧突内外向压缩并向后腹方弯曲，这与鸭嘴龙科类似。然而，腹侧突在背腹向上的长度相对较短，与鸭嘴龙超科基干类群更为相似，这也可能是由于个体发育差异所造成的（Brett-Surman and Wagner, 2006; Prieto-Márquez, 2014）。

肩胛骨 共发现多个大小不同的肩胛骨，其中包括8个已修理的肩胛骨，形态特征基本相似，都具明显的栉龙亚科特征，暂将其都归于杨氏莱阳龙（表3-6）。这里描述一个较大的右肩胛骨（IVPP V 23401.5）（图3-37h）和两个较小的肩胛骨，后者包括一个右侧（IVPP V 23402.11）（图3-37i）、一个左侧（IVPP V 23403.5）（图3-37f, g）。小肩胛骨均保存得相对完整，而较大的肩胛骨仅保存了接近近端的部分。肩胛骨内外侧压缩，呈板状，其背缘弯曲呈弧形。背腹向收缩的肩胛骨颈将肩胛骨分成近端关节面和远端骨板。中侧视，肩胛骨内表面大部分平坦。然而在外侧视，从近端收缩的肩胛骨颈到肩胛骨末端的肩胛骨板的大部分区域，外侧面略向外凸出。近部区域内外向较厚，为关节窝和乌喙骨关节面。乌喙骨关节面呈椭圆形，表面略凹，位于近端背半部分，而关节窝位于腹半部，形成一个略凹入的狭窄的新月形关节面。关节窝

表3-5　杨氏莱阳龙乌喙骨测量（单位：mm）

测量位置	方位	总长度	总宽度	关节窝长度	肩胛骨关节面长度	腹勾宽度	腹沟高度
L2-150828-03	右侧	107	70	44	39	50	29
L2-140807-02	右侧	—	72	44	40	50	—
IVPP V 23402.10	右侧	90	56	36	28	48	27
L2-150828-04	右侧	80	52	34	26	43	25
IVPP V 23406.4	左侧	125	78	48	44	58	40
L2-130818-02	左侧	85	57	35	32	44	26
L2-140730-01	左侧	93	66	45	32	—	—

表3-6　杨氏莱阳龙肩胛骨测量(单位:mm)

测量位置	肩胛骨近端宽	肩胛骨颈宽	尖峰突至近端腹角垂直距离	尖峰突至乌喙骨关节面垂直距离	乌喙骨关节面长	关节窝长
IVPP V 23406.5	9.8	6.3	8.6	5.4	—	—
L2-130902-10	10.2	6.6	8.7	5.6	5	5.5
L2-130907-03	10.7	7.3	9.3	5.5	—	—
IVPP V 23402.11	13.7	8.7	—	—	—	—
IVPP V 23403.5	11	7.5	10	5.6	6	8
L2-140815-10	11.9	7.3	9.8	5.7	—	—
L2-140827-02	11.6	6.9	9.3	5.5	—	—
L2-120309-04	24.1	16	20	11	8	13

呈纵向延伸,向腹外侧延伸,并在一个显著向外侧突出的腹侧角终止。关节窝后腹向延伸,结束于一个向外侧明显突出的腹角。乌喙骨关节面向前延伸较长(乌喙骨关节面至肩峰突前端点的距离与这一前端点至关节窝腹角的高度的比值为0.52~0.64),与钩鼻龙(Lambe,1914)、原栉龙(Brown,1916)、独孤龙(Brett-Surman,1979)和南似鸭龙(Juárez Valieri et al.,2010)相似(Prieto-Márquez,2008;2010b;2012)。肩峰突是一个强壮的、明显向外的突起,其前后向延伸近乎水平,前端并没有向背侧的弯,与栉龙亚科成员相似,而区别于鸭嘴龙超科基干类群和赖氏龙亚科成员(Prieto-Márquez,2008;2010b)。外侧视,肩峰突构成了肩胛骨近端区域的背边缘,在肩峰突与关节窝腹角之间,为一个三角形的较深的凹窝,这个凹窝占据了肩胛骨近端外侧面大部分区域。

肩峰突向后腹向延伸,形成一个明显向外侧突出的三角肌嵴,这一三角肌嵴略有弯曲,且相对较长,延伸至接近肩胛骨板腹缘区,这一特征与栉龙亚科成员相似(Prieto-Márquez,2008;2010b)。在肩胛骨近端与远端肩胛骨板之间有一个明显的背腹向变窄的肩胛骨近端收缩区域,其背腹高度为肩胛骨近端最大高度(肩峰突背缘至关节窝腹角的距离)的63%~70%,有别于具有较窄的肩胛骨近端收缩的青岛龙(杨钟健,1958)、冠龙(Brown,1913)以及大部分鸭嘴龙超科基干类群成员(Prieto-Márquez,2008;2010b)。从IVPP V 23403.5以及其他肩胛骨远端骨板的保存部分可知,肩胛骨远端骨板的背腹缘较肩峰突长轴方向均有明显向后腹方的弯曲,并且其背腹缘向后具有逐渐相分离的趋势。

(4)前肢

肱骨　目前发现并修理的鸭嘴龙科肱骨共有6个,其中4个较小,2个较大(表3-7)。4个肱骨标本中,一个较大的左侧肱骨(IVPP V 23401.6)的近端部分破损(图3-38a~b),而3个较小的肱骨(IVPP V 23402.12,IVPP V 23402.13和IVPP V 23403.6)(图3-38c~f)几乎完整。杨氏莱阳龙的肱骨近端部分为一个较大的板状三角肌嵴,远端部分为一个柱状肱骨干和两个膨大内外髁。肱骨三角肌嵴前后向扩展,内外向压缩,内侧面凹入,外侧面明显突出形成一条从肱骨头处至肱骨干贯穿整个三角肌嵴的突嵴。所有标本的肱骨头均有不同程度的破损,从其保存部分形态推测其应与其他鸭嘴龙类的肱骨头类似,呈较大的半球形,位于肱骨近端的后外侧角,向后侧方向突出,与肩胛骨和乌喙骨的关节窝相关联。与鸭嘴龙科成员肱骨相似,三角肌嵴相对较长,虽然三角肌嵴在所有标本中均未完整保存,但其保存长度均明显大于肱骨干长度,三角肌嵴保存长度与全骨保存长度的比值分别为0.61和0.54。但三角肌嵴的宽度(前后向扩展)相对较小,其最大宽度(接近三角肌嵴远端1/4处)为肱骨干最小宽度(肱骨干最大弯曲处)的1.5倍,与短冠龙(Prieto-Márquez,2007)和鸭嘴龙基干类群成员相似(Prieto-Márquez 2008;2010b)。在未观察到在肱骨三角肌嵴后边缘中部存在一个可供背阔肌附着的中结节。外侧视,三角肌嵴前外边缘与其远端边缘的夹角为121°~129°,与谭氏龙(Wiman,1929)、巴克龙(Gilmore,1933;Prieto-Márquez,2011)、短冠龙(Prieto-Márquez,2007)和埃德蒙顿龙(Prieto-Márquez,2014)相似。

表3-7　杨氏莱阳龙前肢骨骼测量（单位：mm）

测量部位	全长	近端宽	远端宽	骨干中部宽	三角肌嵴长	三角肌嵴距远端1/4宽
左肱骨 L2-130909-15	743	—	165	94	450	140
右肱骨 L2-130829-04	—	—	68	44	—	69
右肱骨 IVPP V 23402.12	370	—	—	50	200	75
右尺骨 IVPP V 23403.7	734	154	72	72	—	—
右尺骨 L2-150902-01	291	58	36	26	—	—
左桡骨 IVPP V 23401.8	716	103	93	60	—	—
左桡骨 L2-150707-07	281	39	38	20	—	—

肱骨三角肌嵴与远端两个关节髁之间为一个圆柱形的肩胛骨干，肩胛骨远端内外向扩展，外侧为桡骨髁，内侧为尺骨髁，尺骨髁明显较桡骨髁更大，且向远端延伸更多。尺骨髁的内侧面和桡骨髁的外侧面都相对较平，近略有凹入。在肱骨远端前后两侧均有一条较深的髁间沟位于两个关节髁之间，后侧的髁间沟相对更长更深，用以容纳尺骨的鹰嘴突。

尺骨　目前已修理的尺骨共5个（表3-7），这里的描述包括一个完整的较大右尺骨（IVPP V 23401.7）（图3-38g，h），以及两个较小的相对完整的右尺骨（IVPP V 23402.14和IVPP V 23403.7）（图3-38i，j）。这些尺骨形态特征相近，呈长棒状，前视近端和远端均向内侧略弯，而外侧视尺骨略呈S形，近端向前弯曲，而远端向后弯曲。尺骨近端横截面呈三角形，近端后部有一个明显的向近端方向突出的鹰嘴突，鹰嘴突在较小标本中更明。鹰嘴突前方两侧分别为两个明显的嵴状突起，内侧嵴较大向前内侧突出，外侧嵴较小，向前外侧突出。尺骨前侧面，这两个嵴之间为一个较长较窄的三角形的关节面，与桡骨近端相关联，关节面较粗糙布满纵嵴。尺骨干向远端变窄，至远端又略有扩展。尺骨远端横截面亦为三角形，远端关节面较圆滑。远端前内侧同样有一个近三角形的狭长桡骨关节面，同样较粗糙有纵嵴。

桡骨　已修理出的桡骨有4个（表3.7），这里描述了两个相对完整的桡骨：较大的左桡骨（IVPP V 23401.8）（图3-38k，l）和较小的左桡骨（IVPP V 23403.8）（图3-38m）。与尺骨相同，桡骨同样呈较棒状，近端和远端均略有扩展。近端内外向的扩展明显大于前后向扩展，近端前侧面较光滑，后侧面较窄，且具有纵嵴，与尺骨近端前缘凹入的关节面相接触，但在较小的标本中，这一关节面并不明显，亦有可能是磨损所致。桡骨干中部呈圆柱状，远端略有扩展，远端后侧面亦有一个狭长的布满纵嵴的关节面，与尺骨远端相接触。

（5）腰带

肠骨　已修理出的标本中，有3个相对完整的较小的左侧肠骨，以及多个较大的肠骨髋臼前突（表3-8）。这里描述了两个较小的左侧肠骨，一个（IVPP V 23402.15）（图3-39a，b）缺少髋臼前突和耻骨突，另一个（IVPP V 23405.3）（图3-39c）髋臼上突破损，髋臼前突的前部缺失，从保存的后半部分可以看出，其髋臼前突呈窄长的条状，内外向压缩，外侧视相对较直略向腹侧偏转，其长轴与肠骨中央板长轴的夹角160°，与鸭嘴龙超科基干类群相似，而区别于鸭嘴龙科成员的较低的肠骨髋臼前突（Prieto-Márquez，2008；2010b），但肠骨的髋臼前突向腹侧的弯曲程度可能是一个随个体发育而变大的特征（Prieto-Márquez，2014；Mori，2014）。背视，髋臼前突亦略向外侧

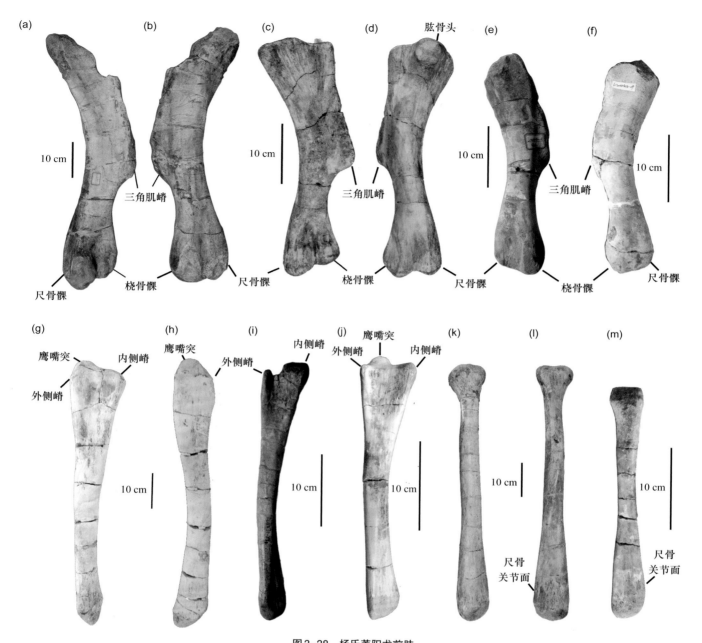

图3-38 杨氏莱阳龙前肢

(a)-(b)左肱骨(IVPP V 23401.6);(a)中视,(b)外视;(c)-(d)左肱骨(IVPP V 23402.13);(c)中视,(d)外视;(e)右肱骨(IVPP V 23402.12)外视;(f)左肱骨(IVPP V 23403.6)外视;(g)-(h)左尺骨(IVPP V 23401.7);(g)前视,(h)外视;(i)左尺骨(IVPP V 23403.7)前视;(j)左尺骨(IVPP V 23402.14)前视;(k)-(l)左桡骨(IVPP V 23401.8);(k)前视,(l)后视;(m)右桡骨后视。

弯曲。髋臼前突近端,接近中央板区域的背缘有一条向内突出的背腹向压缩的嵴,该嵴一直延伸至中央板与髋臼后突相接处,该嵴内侧边缘前半部分略向内突,后半部分略向外凹入。肠骨中央板外侧视呈近长方形,前后向较长,背腹向较矮,背腹高约为前后长的70%～75%,与栉龙亚科成员相似(Prieto-Márquez,2008;2010b)。中央板整体内外向压缩,中部较薄,外侧面略凸,内侧面略凹,中央板背缘和腹缘均略有扩展。中央板背缘后半部分为一个向外腹侧突出的髋臼上突,髋臼上突呈近等腰三角

形,相对较长,其前后长约为中央板前后长的70%。髋臼上突腹向伸展较大,其腹侧顶点位于肠骨中央板背腹向中点附近。幼年个体具有较长且向腹侧延伸较大的髋臼上突同样可能是个体发育特征(Prieto-Márquez,2014)。髋臼上突后边缘,向后延伸与髋臼后突背缘相连。肠骨中央板腹边缘为髋臼窝背缘,呈明显向上弯曲的弓形,其前后缘对称。髋臼窝前部为耻骨突,耻骨突外侧面呈三角形,向前腹侧突出;髋臼窝后部为坐骨突,坐骨突明显大于耻骨突,向后腹侧突出,已向外侧明显扩展,坐骨突

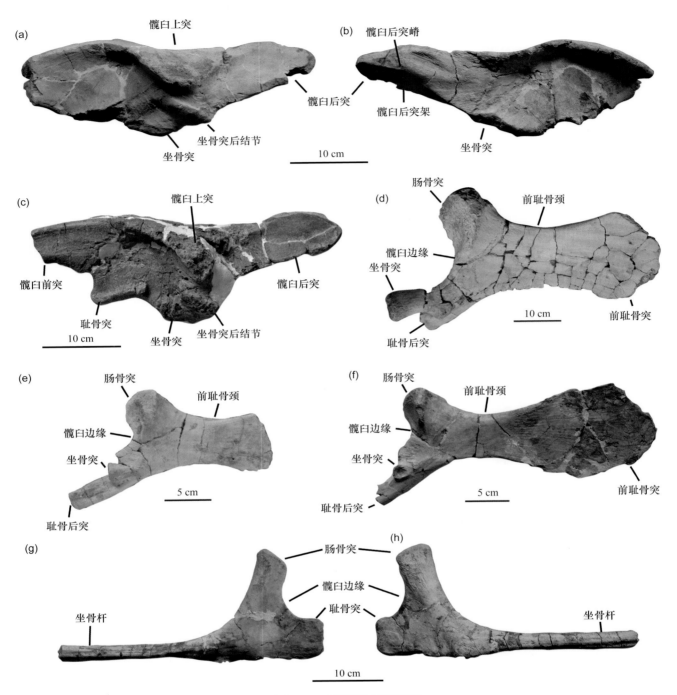

图3-39 杨氏莱阳龙腰带骨骼

(a)-(b)左肠骨(IVPP V 23402.15):(a)外视,(b)中视;(c)左肠骨(IVPP V 23405.3)外视;(d)右耻骨(IVPP V 23401.9)外视;(e)右耻骨(IVPP V 23403.9)外视;(f)右耻骨(IVPP V 23402.16)外视;(g)-(h)右坐骨(IVPP V 23402.17):(g)外视,(h)中视。

分成前后两个结节,中间被一条窄沟相隔,前结节明显大于后部结节,髋臼上突位于坐骨突后结节前背侧,与鸭嘴龙科成员相似(Prieto-Márquez, 2008; 2010b)。肠骨的髋臼后突外侧视近似呈矩形,髋臼后突前部背缘与腹缘平行,但在后端汇聚,后缘呈圆角状。肠骨髋臼后突的外侧面凹入。肠骨髋臼后突的基部有一个短架,中侧面有一

明显的中腹脊,类似于独孤龙(Brett-Surman, 1979; Prieto-Márquez, 2008)。

耻骨 这里描述一个较大的右侧耻骨(IVPP V 23401.9)(图3-39d)和两个小的右侧耻骨(IVPP V 23402.16和IVPP V 23403.9)。IVPP V 23403.9(图3-39e)前耻骨突的远端缺失,IVPP V 23402.16(图3-39f)坐骨突未保

存。耻骨由一个较大的薄片状的向前延伸的耻骨前突和位于后部内外向略有扩展的近端髋臼区域组成，髋臼区域背半部分为肠骨突，腹半部分为坐骨突和耻骨后突。前耻骨突由远侧呈桨状的前耻骨板和近侧背腹向收缩的前耻骨颈组成。耻骨前突的形态是鸭嘴龙类耻骨最重要的鉴定特征，但在已发现且已修理的耻骨中，大多数标本的耻骨前突远端的桨状骨板均未保存，仅保存近端背腹向压缩的类似颈状的区域。IVPP V 23402.16 的前耻骨突保存相对完整，只有远端边缘有些磨损，前耻骨突相对较短，其保存部分前后长度（髋臼边缘至耻骨前突远端边缘距离）约为其高度（肠骨突背缘至耻骨后突耻骨后突近端腹缘的距离）的 2.5 倍。由于保存的耻骨前突远端边缘都有破损且经过修补，因此无法得知其确切形态，但从目前的保存形态看，前耻骨板在远端向背部的扩张比向腹部更大。狭长的前耻骨颈，其背腹高度约为远端前耻骨板高度的一半，但其前后长度与前耻骨板相比则更长。前耻骨颈的背缘凹陷与腹缘的凹陷对称，与鸭嘴龙科成员相同（Prieto-Márquez, 2008）。在较小的耻骨标本中，耻骨前突内外表面都具有密集的前后向条纹，尤其是外侧面的条纹一直从远端边缘延伸至耻骨颈附近，而在较大的标本中耻骨颈外侧面并未发现如此明显的条纹，有可能为个体发育所致。

耻骨颈背缘沿后背向延伸形成肠骨突的前背缘，肠骨突为一个较大且粗壮的后背向突出的四面体，其外侧面有一条垂直与耻骨长轴方向的短嵴，延伸至近端背腹向中部，与鸭嘴龙科成员相同（Prieto-Márquez, 2008; 2010b）。肠骨突后腹缘构成了耻骨髋臼窝的背半部分，髋臼窝的腹半部分为耻骨坐骨突的后背缘，坐骨突呈短

棒状沿后腹向突出，坐骨突关节面略有扩展，呈近椭圆形，且关节面视，其关节面上具有形状不规则的凹痕。在较大的标本 IVPP V 23401.9 中坐骨突长度约为其中部宽度的 2.1 倍，而在较小的标本 IVPP V 23403.9 中为 1.75 倍，因此坐骨突增长可能为一个个体发育特征。与其他鸭嘴龙科成员坐骨相同，杨氏莱阳龙坐骨突腹侧并未发育闭孔，但在大坐骨的坐骨突前腹部外侧面具有一个较长较窄的外腹结节，而这一外腹结节在较小的标本中并未发现，有可能为个体发育所致。耻骨后突呈长棍状沿后腹向延伸，位于耻骨坐骨突内侧，与坐骨突相比其向腹侧偏转更大。虽然已修理的耻骨的耻骨后突均保存不完整，但从还未修理的标本 L2-150901-15 野外照片可见（图 3-40a），其具有一个相当长的耻骨后突。

坐骨 目前发现的坐骨形态都基本相同，具有明显的栉龙亚科的特征，因此将其都暂时归于杨氏莱阳龙（表 3-8）。坐骨（IVPP V 23402.18）保存了近端骨板和坐骨干的近端部分，闭孔突和坐骨干的远端缺失（图 3-39g, h）；而坐骨（L2-130810）保留了闭孔突，但稍大，没有其他化石与其大小相匹配；一个成年个体的大坐骨保存了完整的坐骨干，但尚未采集。坐骨由近端骨板和远端的棒状骨干构成，近端骨板内外向压缩，背半部为前背向延伸的肠骨突，腹半部为向前方延伸的耻骨突，整个近端骨板相对于矢状面略向外侧倾斜。肠骨突呈近似长方形，相对较长。肠骨突关节面面向前背向，内外向和背腹向均略有扩展，其横截面呈近椭圆形。肠骨突后背缘和前腹缘近乎平行，其后背缘相对较直，与栉龙亚科成员相似（Prieto-Márquez, 2008; 2010b），其顶端并未如鸭嘴龙超科基干类群和赖氏龙亚科成员向后弯转（Prieto-

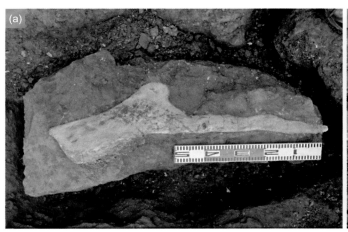

图3-40 杨氏莱阳龙耻骨和坐骨
（a）右耻骨（L2-150901-15）内侧视；（b）右坐骨（未采集）内侧视。

表3-8　杨氏莱阳龙腰带骨骼测量（单位：mm）

测 量 位 置	测量数据
左肠骨（IVPP V 23402.15）中央板长	182
左肠骨（IVPP V 23402.15）中央板宽	137
左肠骨（IVPP V 23402.15）髋臼上突长	126
左肠骨（IVPP V 23402.15）髋臼后突长	145
左肠骨（IVPP V 23406.7）中央板长	164
左肠骨（IVPP V 23406.7）中央板宽	116
左肠骨（IVPP V 23406.7）髋臼上突长	93
左肠骨（IVPP V 23406.7）髋臼后突长	167
右耻骨（IVPP V 23401.9）近端宽	253
右耻骨（IVPP V 23401.9）髋臼边缘宽	200
右耻骨（IVPP V 23401.9）耻骨前突颈宽	126
右耻骨（IVPP V 23401.9）坐骨突长	103
右耻骨（IVPP V 23401.9）坐骨突宽	49
右耻骨（IVPP V 23402.16）近端宽	107
右耻骨（IVPP V 23402.16）髋臼边缘宽	82
右耻骨（IVPP V 23402.16）耻骨前突颈宽	50
右坐骨（IVPP V 23402.17）耻骨突长	30
右坐骨（IVPP V 23402.17）耻骨突宽	51
右坐骨（IVPP V 23402.17）肠骨突长	40
右坐骨（IVPP V 23402.17）肠骨突宽	79
左坐骨（L2-130810-01）肠骨突长	51
左坐骨（L2-130810-01）肠骨突长	107

Márquez，2008；2010b），而仅后腹部有弯曲，向后延伸与坐骨干背缘相连。肠骨突前腹缘相对短而直，向下与髋臼边缘相连。肠骨突关节面外边缘与其前腹缘之间的夹角约为110°。肠骨突内外侧面均有多条沿其长轴方向延伸的条纹。耻骨突位于髋臼边缘腹侧，呈近长方形，内外向压缩，背腹向扩展，向前突出较小，其背腹高度为前后长度的1.7～1.9倍，与栉龙亚科成员相似（Prieto-Márquez，2008；2010b）。耻骨突关节面呈近三角形，外侧面较平，内侧面突出。耻骨突内外侧面腹部也有多条前后向的条纹。

近端骨板与远端坐骨干相接处的腹侧为一个较小的腹外侧延伸的闭孔突，其与耻骨突共同围成了一个狭长的腹侧开口的闭孔沟。坐骨干呈较长的棒状，其截面呈近椭圆形，已修理的标本的坐骨干远端均未保存，但从还未修理出的标本的野外照片中可知其远端为一个圆形端点（图3-40b），与栉龙亚科成员相似（Prieto-Márquez，2008；2010b），并未有鸭嘴龙超科基干类群和赖氏龙亚科成员向腹侧弯曲的足状突（Prieto-Márquez，2008；2010b）。

（6）后肢

股骨　股骨由扩展的两端以及中间较长较直的圆柱形骨干所组成（图3-41a～c，表3-9）。股骨两端背腹向长度约为中部第四转子处内外宽度的6～8倍。股骨的近端外向扩展，内侧为一个较大的球形的向内突出的股骨头，外侧为一个内外向压缩的大转子，两部分之间被一个较宽的浅窝所隔开。小转子呈楔形位于大转子前腹侧，被一个裂隙分开。较小的股骨的中杆背半部分明显粗于腹半部分，而较大的股骨中杆这两部分的直径基本相同，这一变化符合鸭嘴龙科股骨个体发育变化规律

表3-9　杨氏莱阳龙部分后肢骨骼测量（单位：mm）

测量位置	全长	近端宽	远端宽	骨干中部宽	第四转子长
左股骨 L2-130909-10	1 250	370	230	180	350
左股骨 L2-140823-02	849	215	177	107	208
右股骨 L2-130909-17	556	159	140	69	153
左胫骨 L2-130908-10	1 140	380	280	140	—
右胫骨 L2-130907-05	500	160	135	60	—
左腓骨 L2-130908-11	913	185	94	75	—
右腓骨 IVPP V 23402.22	406	75	39	29	—

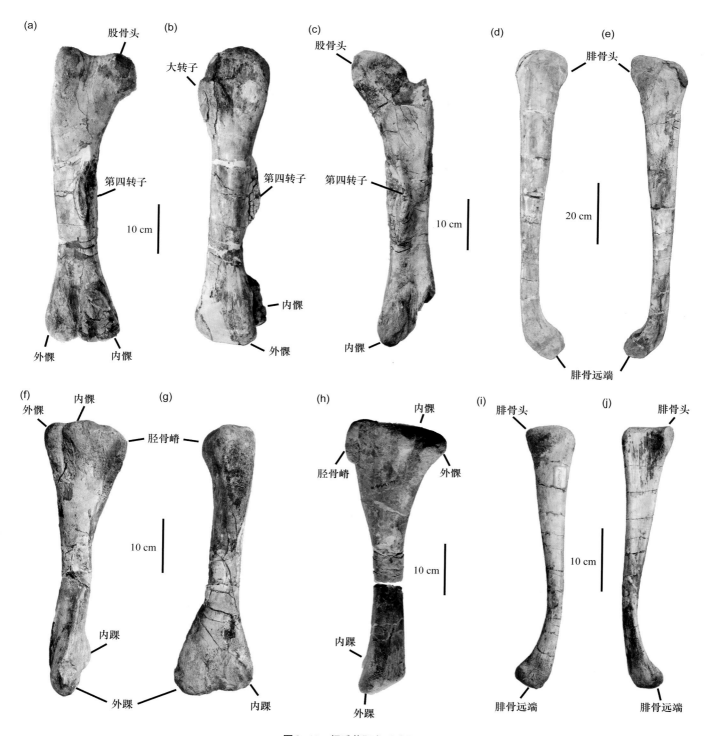

图3-41 杨氏莱阳龙后肢骨骼
(a)-(b) 左股骨(IVPP V 23402.19): (a) 后视,(b) 外视; (c) 右股骨(IVPP V 23402.18)后视; (d)-(e) 右腓骨(IVPP V 23401.10): (d) 外视, (e) 中视; (f)-(g) 右胫骨(IVPP V 23402.20): (f) 外视,(g) 前视; (h) 左胫骨(IVPP V 23402.21)外视; (i)-(j) 左腓骨(IVPP V 23402.22): (i) 外视,(j) 中视。

(Prieto-Márquez, 2014)。股骨干中部背侧内边缘处,有一个内外向压缩,向背侧突出,呈扁三角形的第四转子。第四转子中部略向外侧凹入,在其内侧形成一个凹窝。第四转子较长,其背腹向长度约为股骨长度的1/5～1/4。股骨远端内外向和前后向均有扩展,内外两侧分别为两

个略有膨大的髁突,两髁均向前略有扩展,而向后明显突出,两髁之间被一条狭窄的髁间沟所隔。

胫骨 胫骨为一个粗壮且相对较直的圆柱状长骨,近端和远端分别呈前后向和内外向扩展(图3-41f～h)。胫骨与股骨类似,也相对较长,其背腹向长度约为中部最

窄直径的9～10倍。其近端和远端分别呈前后向和内外向扩展。近端扩展略大于远端扩展,近端后部为两个较小的向后外侧突出的髁突,前部为一个较大的胫骨嵴,其前缘略向外翻转,其与近端后部中髁围成一个浅窝,用以容纳腓骨近端。胫骨远端内外两侧分别为内外踝,两踝之间为一个宽沟与距骨相接。

腓骨 杨氏莱阳龙的腓骨与股骨和胫骨相比更为细长,其背腹长度约为中部直径的13～14倍(图3–41d～f,i,j,表3–9)。细长的腓骨内外向压缩,近端和远端均前后向扩展。近端的扩展更明显,腓骨骨干的近半部分,向外侧是凸出,而向内侧凹入,用于容纳胫骨的近端部分。腓骨骨干向远端逐渐扭转,远端内侧具有一个三角形胫骨关节面,腓骨的远端明显朝前侧突出。

3.3.4 对比与讨论

至今在莱阳王氏群地层中共记述了三类鸭嘴龙科的成员,分别为谭氏龙、青岛龙和山东龙,最新的系统发育分析结果显示谭氏龙属于鸭嘴龙超科基干类群,青岛龙归于赖氏龙亚科,山东龙归于栉龙亚科(Prieto-Márqueza,2010b;Xing et al.,2014b)。

中国谭氏龙保存有部分头骨和部分头后骨骼(Wiman,1929),而金刚口谭氏龙和莱阳谭氏龙,并未发现头骨,仅有头后骨骼的化石记录,这些化石显示出一些鸭嘴龙科的进步特征,因此它们的有效性一直饱受质疑(Horner et al.,2004;Buffetaut and Tong,1993,1995;Zhang et al.,2019)。杨氏莱阳龙具有一系列明显的鸭嘴龙科特征明显区别于谭氏龙。杨氏莱阳龙的颧骨喙突的尾背缘背腹向扩展强烈,喙突内侧关节面则被尾端一条背腹向的嵴将喙突与颧骨后部相隔开;而中国谭氏龙颧骨喙突的尾背缘在背腹向极不扩展,颧骨喙突内侧关节面的背缘和尾缘有一条弯嵴,将关节面围成一个中腹向的凹面。杨氏莱阳龙的鳞骨与中国谭氏龙相比,背腹向较矮。杨氏莱阳龙肩胛骨远端骨板背腹缘具有明显扩展,肩峰突较直,前端不存在向背侧的弯转;而中国谭氏龙肩胛骨背腹缘近乎平行,肩峰突前端向背侧弯转。杨氏莱阳龙肱骨三角肌嵴较长(三角肌嵴长度约为肱骨全长的60%),而中国谭氏龙的肱骨三角肌嵴较短(40%)。杨氏莱阳龙肠骨髋臼上突顶点位于坐骨突后结节的前背侧;而中国谭氏龙肠骨髋臼上突顶点位于坐骨突后结节的后背侧。杨氏莱阳龙的股骨和胫骨的近远两端明显较中国谭氏龙粗壮。杨氏莱阳龙坐骨骨干远端没有足状突,而金刚口谭氏龙坐骨远端发育一个较小的足状突。

此外杨氏莱阳龙还具有以下一些鸭嘴龙科的明显特征:前上颌骨吻部边缘背腹向扩展较大,前腹侧具有两层齿状结构;上颌骨的颧骨接合面的腹缘与外翼骨嵴相连;上颌骨大孔位于上颌骨喙部背缘;颧骨接合面腹侧成列的小上颌骨孔少于6个;齿骨冠状突向前倾斜;齿骨齿数大于30颗;上隅骨没有上隅骨孔和上隅骨副孔;杨氏莱阳龙的乌喙骨前中侧边缘凹入,肱二头肌结节相对较大,以及弯曲的"钩状"腹突(Prieto-Márqueza,2008;2010b)。综合以上特征认为,杨氏莱阳龙较中国谭氏龙为代表的鸭嘴龙超科基干类群区别明显,应归于鸭嘴龙科。

棘鼻青岛龙是著名的亚洲赖氏龙亚科成员之一,包括一个近乎完整的综合骨骼、一个不完整的颅骨,以及其他头后骨骼,这些标本均来自莱阳金岗口村1号化石地点。其具有以下赖氏龙亚科特征:额骨不参与眼眶的构成,额骨后部有一个隆起;上颞颥孔宽度大于长度,向前外侧伸展;顶骨矢状脊较短且向下弯曲;上颌骨并不发育喙背突,背突向后背向延展;齿骨前部向腹侧内侧剧烈弯曲;方骨较弯曲切翼状突并不十分扩展;坐骨远端发育足状突等(杨钟健,1958;Prieto-Márqueza,2008)。而杨氏莱阳龙则具有以下一系列栉龙亚科特征明显区别棘鼻青岛龙。杨氏莱阳龙上颌骨喙部没有下弯,且上颌骨喙背突发育,而棘鼻青岛龙上颌骨喙部明显下弯,且只有喙腹突,不发育喙背突。杨氏莱阳龙上颌骨背突位于中间偏前,宽大于高,颧骨关节面位于背突及背突下方一个倒三角形平台之上,而棘鼻青岛龙上颌骨背突位于上颌骨中间偏后,背腹高大于前后宽,顶点指向后背向,颧骨关节面位于上颌骨背突上部。杨氏莱阳龙上颌骨大孔开孔方向在上颌骨喙外侧,位于上颌骨喙部背缘,侧视可见,而棘鼻青岛龙上颌骨大孔,开孔方向在上颌骨背侧,在上颌骨与前上颌骨接合面后方,侧视不可见。杨氏莱阳龙齿骨前部无齿部分向腹内侧翻转与青岛龙相比明显较小。杨氏莱阳龙肩胛骨肩峰突前端不存在向背侧的弯转;而青岛龙肩胛骨肩峰突前端向背侧弯转。杨氏莱阳龙肩胛骨的三角肌嵴相对发达,三角肌嵴的腹缘延伸到肩胛骨的腹缘;但在棘鼻青岛龙中,三角肌嵴仅在肩胛骨的近端区域发育较弱,腹缘不明显。杨氏莱阳龙肱骨三角肌嵴较窄(三角肌嵴远端1/4处宽度约为肱骨干最小宽度的1.5倍),而青岛龙三角肌嵴较宽(约为杨氏莱阳龙的2倍)。杨氏莱阳龙的肠骨中央板前后向较长,而青岛龙肠骨中央板前后向较短背腹向较高。杨氏莱阳龙坐骨的肠骨突后背侧边缘较直,未向后侧弯转,坐骨远端不发育足状突;而青岛龙坐骨肠骨突向后侧弯转,形成明显的拇指状结构,坐骨远端具有较大的足状突。

此外,杨氏莱阳龙还具有其他一些栉龙亚科特征,明显区别于赖氏龙亚科成员。杨氏莱阳龙的颧骨喙突前后长大于背腹高,具有明显前尖,呈不对称三角形;而赖氏龙亚科成员的颧骨喙突前尖钝化或并不明显,有的甚至前尖并不发育,使喙突前端成为一弧形前缘(Prieto-Márqueza,2010b;Xing,2014b)。杨氏莱阳龙颧骨腹缘向上凹入的湾状结构相对较宽较浅;而赖氏龙亚科颧骨的这一凹湾则相对较深。

综上,杨氏莱阳龙明显不同于以青岛龙为代表的赖氏龙亚科成员,而具有明显的栉龙亚科特征,因此应归于栉龙亚科。

巨型山东龙是根据一具发现于山东诸城上白垩统王氏群地层中的近乎完整的综合骨骼,由胡承志(1973)命名并归于栉龙亚科,巨型山东龙的标本主要发现于诸城(胡承志等,2001;Xing et al.,2014b;Hone et al.,2014)。杨氏莱阳龙与山东龙共同拥有以下一些特征:鼻骨背缘较平,没有头饰;前上颌骨口腔边缘的前端背腹向扩展形成较厚的唇状结构;上颌骨外侧视呈等腰三角形,背突顶点位于上颌骨前后向中部;肩胛骨颈较宽(肩胛骨颈宽度约为肩胛骨近端宽度的60%以上);肩胛骨肩峰突较直,且具有明显的三角肌嵴;坐骨肠骨突不向后弯曲,坐骨远端不发育足状突。

然而,杨氏莱阳龙与山东龙还存在以下一些明显的区别。虽然杨氏莱阳龙鼻骨前突背缘整体相对较平,但与山东龙相比其前突仍然略有向下弯曲。杨氏莱阳龙鼻骨外侧视,有一条窄嵴从鼻骨前突延伸至后部骨板前缘,仅至骨板腹缘附近才略有扩展,而山东龙的这条外侧嵴则相对较宽(Xing et al.,2014b)。杨氏莱阳龙的上颌骨颚骨突为一个前后向伸长的矮突,而山东龙上颌骨颚骨突则是一个强烈向背侧突出,呈钩状的突起(胡承志等,2001)。此外,山东龙明显大于杨氏莱阳龙,山东龙(GMV 1780-2)股骨长度约为1.7米(胡承志,2001),而目前发现的杨氏莱阳龙最大的股骨约为1.3米。在鸭嘴龙类的个体发育过程中,头骨的前后向长度会增长更快(Dodson,1975;Horner et al.,2004;Campione and Evans,2011),因此上颌骨前后向长度也应相应的快速增长(Mori et al.,2015)。因此上颌骨背腹向高度(上颌骨背突顶点至齿列边缘的距离)与前后向长度(上颌骨前腹突前

端顶点与外翼骨架后端顶点的距离)的比值,也会在个体发育过程中逐渐减小(Mori et al.,2015)。杨氏莱阳龙较大的上颌骨(IVPP V 23401.1)的这一比值为0.29,而其他三个较小的上颌骨(IVPP V 23405.1,IVPP V 23403.1,IVPP V 23402.1)的比值为0.35—0.38,符合以上的个体发育变化规律。山东龙(GMV 1780-2)上颌骨的这一比值为0.36(胡承志等,2001),因此,与杨氏莱阳龙个体相近的幼年或亚成年的山东龙个体的上颌骨的这一比例应明显大于0.36。然而,杨氏莱阳龙较小的可能属于幼年或亚成年个体的上颌骨(IVPP V 23405.1,IVPP V 23403.1,IVPP V 23402.1)的比值与之相近,而较大的上颌骨(IVPP V 23401.1)的比值(0.29)则明显小于0.36。因此,与杨氏莱阳龙个体相近的幼年或亚成年的山东龙个体应具有相对背腹向更矮而前后向更长的上颌骨。此外,杨氏莱阳龙上颌骨齿齿数为33～41枚,而远小于山东龙(GMV 1780-2)(胡承志,2001)的55～57枚。而杨氏莱阳龙的上颌骨齿齿密度为1.20～2.53枚/厘米,而大于山东龙(GMV 1780-2)(胡承志,2001)的0.89～0.96枚/厘米。杨氏莱阳龙的肱骨三角肌嵴较窄,而巨型山东的肱骨三角肌嵴较宽。杨氏莱阳龙肠骨髋臼后突基部有一个短架,中侧面有一明显的中腹脊,而巨型山东龙肠骨髋臼后突不具有这一结构。综上,杨氏莱阳龙与山东龙具有明显区别,并不是山东龙的幼年或亚成年个体。

此外,将杨氏莱阳龙与亚洲发现的其他4个属于栉龙亚科的属种进行比较。董氏乌拉嘎龙(*Wulagasaurus dongi*)与鄂伦春黑龙江龙(*Sahaliyania elunchunorum*)(Godefroit et al.,2008)一同发现于黑龙江嘉荫乌拉嘎的上白垩统上部鱼亮子组地层中(Godefroit et al.,2008)。Godefroit et al.(2008)将一些明显区别于黑龙江龙的头部骨骼和头后骨骼归于乌拉嘎龙。Xing et al.(2012)认为乌拉嘎龙的部分标本具有赖氏龙亚科特征,并不属于乌拉嘎龙,同时又将一些新发现的标本归于乌拉嘎龙。因此目前属于乌拉嘎龙的标本有两个齿骨、一个颧骨、一个方骨和部分头后骨骼(Xing et al.,2012)。乌拉嘎龙与杨氏莱阳龙具有以下一些明显的区别。乌拉嘎龙的颧骨相对前后向较长,喙突前尖位于喙突背腹向中点处(Godefroit et al.,2008;Xing et al.,2012)。而杨氏莱阳龙的颧骨相对前后向较短,喙突前尖位于喙突背腹向的背半部。与杨氏莱阳龙相比,乌拉嘎龙的齿骨明显更为细长(Godefroit et al.,2008;Xing et al.,2012)。此外,乌拉嘎龙的肩胛骨远端骨板背腹边缘相对平行(Godefroit et al., 2008；Xing et al., 2012)；而杨氏莱阳龙肩胛骨远端骨板背腹向明显扩展。

Bolotsky 和 Godefroit(2004)描述了发现于俄罗斯远东布拉戈维申斯克(海兰泡)地区的 Tsagayan 组地层中的一些末关节的零散头骨,命名为冥犬龙(*Kerberosaurus*),保存有上颌骨、颧骨、鼻骨和鳞骨。冥犬龙上颌骨背突及腹侧颧骨关节面都较大,喙尾向伸长,其长度占上颌骨总长的1/3,腹侧颧骨关节面腹缘顶点极低,接近上颌骨齿槽边缘;而杨氏莱阳龙上颌骨背突长度约为总长的1/4,且颧骨关节面腹缘较高,距齿槽边缘尚有一段距离。此外,冥犬龙的上颌骨颚骨突呈钩状,向背侧突出;而杨氏莱阳龙的上颌骨颚骨突为一个前后向扩展的矮突。冥犬龙颧骨喙突呈不对称的圆形,前尖较小,而杨氏莱阳龙颧骨喙突明显呈不对称的三角形,前尖较发育。冥犬龙鼻骨背缘平直,侧嵴较宽,而杨氏莱阳龙鼻骨背缘略弯,侧嵴较细。冥犬龙鳞骨的方骨髁朝向外侧,且眶后骨关节面位于喙突背侧,而杨氏莱阳龙方骨髁朝向腹侧,眶后骨关节面位于喙突外侧。

昆杜尔龙(*Kundurosaurus*)发现于俄罗斯远东昆杜尔地区的 Udurchukan 组地层中,包括零散的头骨和头后骨骼(Godefroit et al., 2012)。昆杜尔龙与杨氏莱阳龙共同拥有一些重要特征:上颌骨颚骨突为一较长的凹窝,不同于大多数鸭嘴龙的钩状颚骨突;颧骨喙突前尖呈不对称的楔形;鼻骨前突略向下弯曲,具有相对较长的肩胛骨前背部区域(从肩峰突前端到乌喙骨关节面的距离,与前者到关节窝关节面腹侧顶点之间的高度之比大于0.45)(Godefroit et al., 2012)。然而杨氏莱阳龙与昆杜尔龙仍有如下一些明显区别。虽然杨氏莱阳龙的颧骨眶后骨突背半部缺失,但其基部显示其拥有一个向后背侧延伸的眶后骨突;而昆杜尔龙的眶后骨突近乎垂直于颧骨前后向长轴(Godefroit et al., 2012)。昆杜尔龙的鼻骨外侧嵴相对较为扁平(Godefroit et al., 2012);而杨氏莱阳龙的鼻骨外侧嵴相对较窄。昆杜尔龙的齿骨与杨氏莱阳龙相比也较为细窄(Godefroit et al., 2012)。此外,昆杜尔龙的肱骨三角肌嵴较宽,且肠骨髋臼后突的基部没有短架,中侧面没有明显的中腹脊,区别于杨氏莱阳龙。

窄吻栉龙(*Saurolophus angustirostris*)发现于蒙古国 Nemegt 的 Nemegt 组地层中,窄吻栉龙包含多个保存完好的成年和幼年个体的头骨(Rozhdestvensky, 1952)。窄吻栉龙前上颌骨喙缘向背侧弯曲,并且向背尾侧轻微翻转,并不像杨氏莱阳龙前上颌骨具有唇状的

口腔边缘。窄吻栉龙鼻骨呈细长的棒状,背后向延伸至头骨之上,形成实心的头饰,而且幼年个体就发育这一头饰,并随个体发育而增大增长(Bell, 2011；McGarrity et al., 2013)。而杨氏莱阳龙鼻骨背缘平直,没有头饰。

杨氏莱阳龙与其他栉龙亚科成员比较,同样具有明显区别。综合 Prieto-Márqueza(2016)、Gates 和 Scheetz(2014)与 Mori et al.(2015)的研究结果,目前已报道的栉龙亚科成员中,除了以上的5种亚洲栉龙亚科成员外,还有13属发现于北美洲分离龙(*Kritosaurus* Brown, 1910)、栉龙(*Saurolophus* Brown, 1912)、钩鼻龙(*Gryposaurus* Lambe, 1914)、原栉龙(*Prosaurolophus* Brown, 1916)、埃德蒙顿龙(*Edmontosaurus* Lambe, 1917)、短冠龙(*Brachylophosaurus* Sternberg, 1953)、慈母龙(*Maiasaura* Horner & Makela, 1979)、纳秀毕吐龙(*Naashoibitosaurus* Hunt and Lucas, 1993)、始无冠龙(*Acristavus* Gates et al., 2011)、奥氏栉龙属(*Augustynolophus* Prieto-Márquez et al., 2014)、鼻王龙(*Rhinorex* Gates and Scheetz, 2014)、原短冠龙(*Probrachylophosaurus* Fowler and Horner, 2015)、古植食龙(*Ugrunaaluk* Mori et al., 2015);2属发现于南美洲独孤龙(*Secernosaurus* Brett-Surman, 1979)、南似鸭龙(*Willinakaqe* Valieir, 2010)

另一个种奥氏栉龙(*Saurolophus osborni*)发现于加拿大西部艾伯塔省的 Horseshoe Canyon 组地层中(Brown, 1912),而与之亲缘关系较近的原栉龙包括巨原栉龙(*P. maximus*)(Brown, 1916)和黑脚原栉龙(*P. blackfeetensis*)(Horner, 1992)两个种,都发现于北美洲上白垩统地层中。奥氏栉龙和原栉龙区别于杨氏莱阳龙的特征基本与窄吻栉龙相同(Prieto-Márquez, 2008, 2010b)。

埃德蒙顿龙属包括3个种:帝王埃德蒙顿龙(*E. regalis*)(Lamb 1917)、连接埃德蒙顿龙(*E. annectens*)(Marsh 1892)和萨斯喀彻温埃德蒙顿龙(*E. saskatchewanensis*)(Sternberg 1926),均发现于北美洲上白垩统 Maastrichtian 地层中。埃德蒙顿龙与其他埃德蒙顿龙族(Brett-Surman, 1989)成员(山东龙、冥犬龙和昆杜尔龙)以及杨氏莱阳龙相似,鼻骨背缘较平,没有头饰,但昆杜尔龙和杨氏莱阳龙的鼻骨前突略向腹侧弯曲(Godefroit et al. 2012, Xing et al. 2014b)。同样,埃德蒙顿龙与其他埃德蒙顿龙族成员相似,其鼻骨外侧具有一条较宽的外侧嵴(Godefroit et al., 2012, Xing et al. 2014b),而这一外侧嵴在杨氏莱阳龙中较窄。在阿拉斯加的 Price Creek 组新发现的平头栉龙亚科成员古植食龙(Mori et al., 2015)具有属于多个不

同大小等级个体的标本,其中最小的鼻骨与本书描述的杨氏莱阳龙的小鼻骨(IVPP V 23402.3)大小相似,但与其较大的个体相同,同样具有较宽的外侧嵴(Mori et al.,2015)。因此,鼻骨外侧嵴的形态(宽或窄)并不是个体发育特征。此外,杨氏莱阳龙的鼻骨外侧嵴仅构成环鼻窝的后背边缘,而不同于其他具有实心头饰的栉龙亚科成员的鼻骨外侧嵴构成环鼻窝的后背侧边缘和后边缘。因此,鼻骨外侧嵴较窄并构成环鼻窝后背侧边缘,应为杨氏莱阳龙的自近裔特征。此外,埃德蒙顿龙肩胛骨的乌喙骨关节面向前突出较小(Prieto-Márquez,2008;2012);而杨氏莱阳龙的肩胛骨的乌喙骨关节面向前突出较大。与杨氏莱阳龙相比,埃德蒙顿龙的肱骨三角肌嵴更宽(Prieto-Márquez,2008;2012)。此外,杨氏莱阳龙肠骨髋臼后突的基部有一短架,中侧面有一明显的中腹脊,这一特征不同于埃德蒙顿龙。

分离龙发现于美国新墨西哥州圣胡安的Kirtland组上部(Brown,1910)。分离龙包括多个不完整的头骨(Prieto-Márquez,2013),其与杨氏莱阳龙最明显的区别为:分离龙的颧骨腹缘的凹湾相对较深,且眼眶腹缘明显比下颞孔腹缘窄(Prieto-Márquez,2013);而杨氏莱阳龙的颧骨腹缘凹湾相对较宽较浅,眼眶腹缘宽于下颞孔腹缘。

钩鼻龙的三个种独特钩鼻龙(*G. notabilis*)(Lamb,1914)、宽齿钩鼻龙(*G. latidens*)(Horner,1992)和纪念区钩鼻龙(*G. monumentensis*)(Gates and Sampson,2007)都发现于北美洲坎潘阶(Campanian)地层中。钩鼻龙的前上颌骨口腔边缘较薄,未发育唇状结构;上颌骨和泪骨在外侧相接处,这些特征与栉龙和原栉龙相似(Gates and Sampson,2007;Prieto-Márquez,2008;2011),而区别于杨氏莱阳龙。钩鼻龙的鼻骨向前背侧拱起,形成一个钩状的头饰(Gates and Sampson,2007),杨氏莱阳龙鼻骨较平,没有头饰。

短冠龙族(Brachylophosaurini)(Gates et al.,2011)包括在北美洲发现的始无冠龙(*Acristavus*)(Gates et al.2011)、短冠龙(*Brachylophosaurus*)(Sternberg 1953)、慈母龙(*Maiasaura*)(Horner and Makela,1979)和原短冠龙(*Probrachylophosaurus*)(Fowler and Horner,2015)。短冠龙族(Brachylophosaurini)的成员都具有向后背侧延伸的或向前背侧拱起的头饰(Horner,1983;Prieto-Márquez,2008;2010b,Gates et al.,2011;Fowler and Horner,2015),此外还共同具有一些与杨氏莱阳龙不同的特征。短冠龙族成员的前上颌骨口腔边缘的外侧角具有一个

三角形的突;而杨氏莱阳龙的前上颌骨口腔边缘的外侧角较圆滑。短冠龙族成员的颧骨喙突背腹向近于对称(Prieto-Márquez,2008;2010b;Fowler and Horner,2015);而杨氏莱阳龙的颧骨喙突具有一个不对称的前尖。此外,短冠龙族成员枢椎神经棘背边缘后部具有一个较浅的凹湾,因此其神经棘背缘呈S形(Prieto-Márquez,2008;2010b;Fowler and Horner 2015);而杨氏莱阳龙枢椎神经棘背缘较直,略向背侧弯曲。

目前,已报道的南美洲的栉龙亚科成员都发现于阿根廷上白垩统地层中,分别为发现于San Jorge组的独孤龙(Brett-Surman 1979)和发现于Allen组的南似鸭龙(Juárez Valieri et al. 2010)。独孤龙和南似鸭龙的齿骨前部无齿的联合突与杨氏莱阳龙相比向内侧弯曲较大(Prieto-Márquez and Salinas,2010;Juárez Valieri et al.,2010)。此外,南似鸭龙的齿骨与杨氏莱阳龙相比较短且更为强壮;南似鸭龙齿骨的冠状突与齿列近于垂直,不同于杨氏莱阳龙向前倾斜的冠状突;南似鸭龙肱骨的三角肌嵴也比杨氏莱阳龙的宽(Juárez Valieri et al.,2010)。独孤龙的上颌骨外翼骨嵴向腹侧倾斜,而杨氏莱阳龙的外翼骨嵴近乎水平(Prieto-Márquez and Salinas,2010)。

综合以上描述和比较,杨氏莱阳龙具有以下栉龙亚科的特征:上颌骨喙背突发育;上颌骨背突位于中间偏前,宽大于高,颧骨关节面位于背突及背突下方一个倒三角形平台之上;上颌骨大孔开孔方向在上颌骨喙外侧,位于上颌骨喙部背缘,侧视可见;颧骨喙突前后长大于背腹高;肩胛骨肩峰突前端不存在向背侧的弯转;肩胛骨三角肌嵴明显;肠骨中央板前后向较长;坐骨的肠骨突后背侧边缘较直,未向后侧弯转,形成拇指状肠骨突;坐骨远端不发育足状突,因此认为杨氏莱阳龙为栉龙亚科成员。同时杨氏莱阳龙又有以下自近裔特征区别于其他栉龙亚科成员:鼻骨外侧面具有一条嵴,且相对较窄;上颌骨齿主嵴偏向尾侧;上隅骨后关节骨突向外侧弯转;颧骨的眼眶腹缘宽于下颞孔腹缘。此外,杨氏莱阳龙还具有与其他栉龙亚科成员不同的特征组合:鼻骨背缘较平直,不存在头饰;前上颌骨前缘具有小孔;颧骨泪骨突后缘背腹向扩展较小,前背向延伸,并构成眼眶的前腹边缘的一小部分;肱骨三角肌嵴较窄。

3.3.5　骨组织学研究

可归于杨氏莱阳龙的标本主要分为大小不等的三类,其中较小和较大的标本相对较多,而介于两者之间的标本较少。从股骨、胫骨等长骨可见,最大的可达1.3 m,

小的0.5～0.6 m。这些大小不同的标本主要的形态特征都基本相似，均被归于杨氏莱阳龙，为了解其个体发育情况，我们对杨氏莱阳龙的长骨进行了初步的骨组织学研究。

骨组织结构可以提供恐龙等化石生物不同发育阶段的形态差异、骨龄和生长速率的估计、骨组织与外界环境的关系等重要信息（Chinsamy-Turan，2005）。鸭嘴龙类在不同个体发育阶段具有不同的骨组织特征。Horner et al.(2000)发表了关于鸭嘴龙类的慈母龙（*Maiasaura*）骨组织的研究，依据不同的骨组织学特征，将其个体发育阶段分为早雏期、晚雏期、幼年期、亚成年期和成年期等五个阶段，并指出在不同阶段中，在骨髓腔的形成、血管道的数量、初级骨单元的形成、次级骨单元的形成、生长停滞线的出现，以及外周停滞线的出现等方面表现出了不同的特点。

我们对莱阳2号地点第3化石层发现的4块可归于杨氏莱阳龙的长骨进行了骨组织取样（表3-10），取样位置尽量选取长骨的中部位置，对不完整的骨骼，推测完整骨骼的长度后，在接近其中部的位置取样。

表3-10　组织学采样样品表

编号	取样骨骼	估计长度（cm）	取样部位
A1	不完整尺骨	30	中部
A2	不完整尺骨	50	中部
B1	完整股骨	50	中部
B2	完整股骨	120	中部偏向近端

制备骨组织切片的核心设备是中国科学院古脊椎动物与古人类研究所脊椎动物演化与人类起源重点实验室的德国艾卡特（Exakt）硬组织切磨片系统，并用Zeiss偏光显微镜进行观察，操作AxioVs40x64 V4.9版本软件使用Zeiss AxioCam MRc5获取图片，实验结果和讨论如下。

A1，横切面近椭圆形（图3-42），长轴长约23 mm，短轴长约16 mm，外部为密质骨部分，内部为松质骨部分，骨髓腔基本没有形成。密质骨部分主要为纤层骨，含有大量的血管道和骨陷窝，血管道的方向主要为纵向，在密质骨的最外层可见大量血管道开口于骨壁表面，代表了骨骼此时还处于快速的离心生长过程中。整个横切面中，次级骨单元在较外层部分（图3-43）几乎没有分布，

1 mm

图3-42　单偏光镜下A1横切面
外方框处为密质骨外层部分，内方框处为密质骨内层部分。

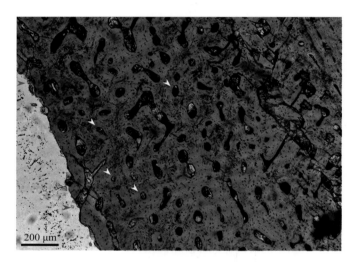

200 μm

图3-43　单偏光镜下A1密质骨的外层部分
主要为纤层骨，具较多初级骨单元（白色箭头指示其中部分初级骨单元），血管道多纵向，部分血管道开口于骨骼表面（红色箭头所指）。

主要分布在密质骨内侧（图3-44），侵蚀窝也大量分布在密质骨的内侧部分，大部分侵蚀窝还没有完全形成次级骨单元，其中一部分开始了次级骨单元的向心沉积。依据其骨髓腔基本没有形成、次级骨单元数量少、仅见于密质骨的内侧，以及有大量血管道开口于骨壁表面等特征，推测该标本是处于早雏期的个体。

A2，不完整的横切面（图3-45），推测为椭圆形，长短轴直径应在30 mm左右，外部为密质骨，中间为松质骨，中心为骨髓腔，直径约8.9 mm，中间已充填后期形成的矿物。密质骨主要为纤层骨，含大量血管道和骨陷窝，血管道的方向主要为纵向，仅有少量血管道开口于骨壁表面，代表这一个体仍具有较快的离心生长，但相较于A1生长速度慢。密质骨中可见大小不一的侵蚀窝，由内向外逐

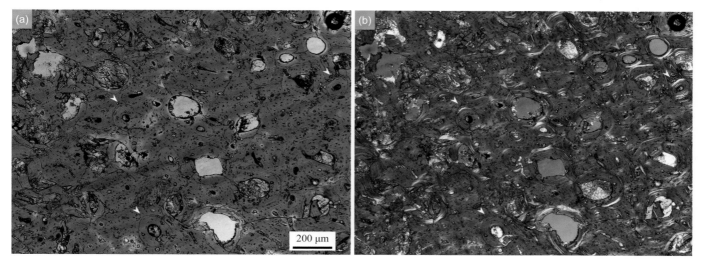

图3-44　A1密质骨内层部分
（a）单偏光镜下；（b）正交偏光下（加石膏楔片）。主要为纤层骨，具侵蚀窝、形成过程中的次级骨单元（绿色箭头所指）和已完全形成的次级骨单元（白色箭头所指）。

1 mm

图3-45　单偏光镜下A2横切面
外方框处为密质骨外层部分，内方框处为密质骨内层部分。

渐变小，绝大部分密质骨中仅有较少的次级骨单元，且主要出现在密质骨内层部分（图3-46，图3-47），仅在一个区域见到了较为密集的次级骨单元，且有多期次的侵蚀和再沉积的次级骨单元。相比于A1，A2在骨髓腔的发育程度、次级骨单元的数量、血管道在骨壁表面开口数量等方面，都反映了其处于一个较晚的个体发育阶段，应当处于幼年期的个体发育阶段。

B1，不完整的横切面（图3-48），包括单侧全部的密质骨。主要为纤层骨，具有大量初级骨单元和血管道，血管

道方向多为纵向，少量为网状和环状。密质骨中具有侵蚀窝和次级骨单元，且由内向外，两者都逐渐减少，最内部的大量次级骨单元还处于形成过程中（图3-49）。虽然没有取得松质骨和骨髓腔部分，但依据采集过程中相当一部分股骨已具有一定体积的骨髓腔，推测这一个体很可能处于幼年期发育阶段，在密质骨外部具有零星的次级骨单元，这是区分幼年早期和晚期的重要标志（Horner et al.，2000），所以进一步推测该个体处于幼年晚期。

B2，不完整的横切面（图3-50），仅能观察到较外层的密质骨，内层部分缺失，可观察到的密质骨部分主要为纤层骨，左右两侧结构略有不同（图3-51）。左侧又可分为内外两个部分，外侧部分厚度约为3.6 mm，包括3～4条生长停滞线，其中血管道多为环状，少量为纵向，外层部分仅有少量次级骨单元；内层厚度至少为10 mm，局部位置出现较多的次级骨单元，且具有多期次的侵蚀和再沉积。右侧没有观察到任何生长停滞线，但具有大量密集的次级骨单元，同样具有多期次的侵蚀和再沉积，推测这一区域也应具有3～4条生长停滞线，但在骨骼重建过程中没有保留下任何痕迹，右侧位置对应的是取样中股骨靠近第四转子的位置，可能与这一位置附着肌肉有关。由于该标本来自个体最大的一件股骨标本，但在骨组织切片中却没有观察到外周停滞线，所以该个体死亡时可能还不是成年个体，但是其保留的3～4条生长停滞线和大量出现的多期次次级骨单元，说明该个体至少是一个亚成年个体，考虑到其体型，很可能是一个十分接近成年的亚成年个体。

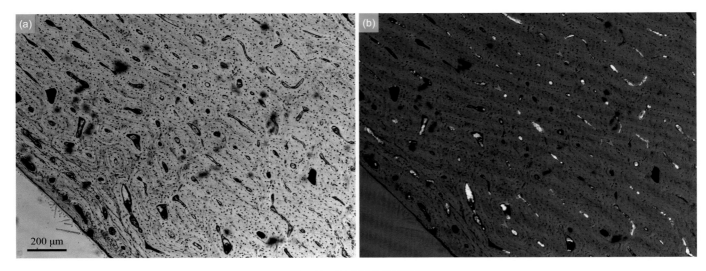

图3-46　A2密质骨外层部分
（a）单偏光镜下；（b）正交偏光下（加石膏楔片）。主要为纤层骨，具较多的初级骨单元（箭头所指）。

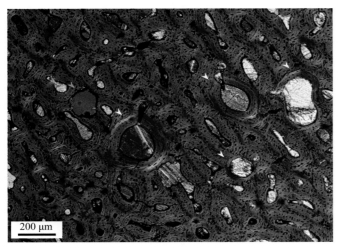

图3-47　正交偏光下A2密质骨内层部分（加石膏楔片）
主要为纤层骨，具侵蚀窝（蓝色箭头所指）和形成过程中的次级骨单元
（白色箭头所指）。

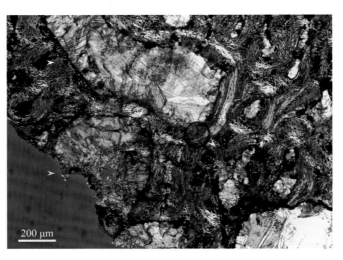

图3-49　正交偏光下B1密质骨内层部分（加石膏楔片）
可见侵蚀窝（黄色箭头所指）和形成过程中的次级骨单元（白色箭头所指）。

图3-48　单偏光镜下B1横切面
方框处为密质骨内层部分。

图3-50　单偏光镜下B2横切面
白色箭头指示生长停滞线，方框处为密质骨外层部分。

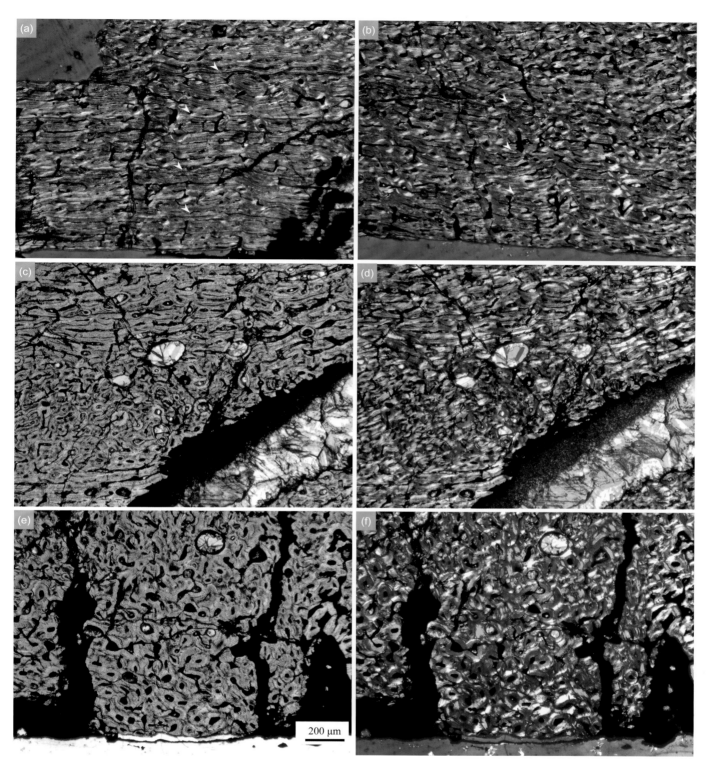

图3-51　B2密质骨部分局部放大

（a）（b）左侧密质骨外层部分，可见3～4条生长停滞线；（c）（d）左侧密质骨内层部分的次级骨单元；（e）（f）右侧密质骨外层骨骼密集的次级骨单元。白色箭头指示生长停滞线，红色箭头指示次级骨单元。（a）（b）（d）（f）正交偏光镜下（加石膏楔片）；（c）（e）单偏光镜下。

　　综上分析，两个尺骨分别代表了早雏期和幼年期的个体，而两个股骨分别代表了幼年晚期和接近成年的亚成年个体。由于在莱阳地区发掘过程中发现大量的与B1和B2长度相当的股骨标本，长度介于两者之间的股骨仅有一件，这些股骨形态上几乎没有差别，都属于鸭嘴龙类。最初对于B1和B2是否属于同一个属种，或者代表了两类个体大小不同的属种，一直存有疑问，通过骨组织学的研究发现，较小的B1表现为幼年的个体发育阶段，而较大的 B2 接近成年,否定了两者属于不同个体大小两个属种的猜测,证明这些大小不等的个体代表了杨氏莱阳龙不同的发育阶段。

3.3.6　个体发育特征

目前发现的杨氏莱阳龙的标本,绝大部分为幼年和接近成年的亚成年两种个体,其主要形态特征都基本相似,但同时也存在一些明显的个体发育变化特征。下面参照前人对鸭嘴龙类个体发育的研究,讨论和总结杨氏莱阳龙的个体发育变化特征。

在个体发育过程中,连接埃德蒙顿龙的前上颌骨的口腔边缘会增厚,前部的环鼻窝会加深(Campione and Evans,2011;Prieto-Márquez,2014)。由于杨氏莱阳龙目前仅发现1个较小的可能属于幼年个体的前上颌骨,因此无法确定其是否具有以上个体发育变化,但这一小的前上颌骨的口腔边缘已相对较厚,前部的环鼻窝也相对较深。

杨氏莱阳龙的大上颌骨相比较小上颌骨明显前后向加长,背腹向变矮,且齿数增加,齿密度降低,这一系列变化均符合鸭嘴龙类上颌骨个体发育变化规律(Prieto-Márquez,2008,2014;Bell,2011)。上颌骨的前上颌骨关节面的坡度在个体发育过程中会有所减小(Horner and Currie,1994;Prieto-Márquez,2014),杨氏莱阳龙的大上颌骨前背突背缘与上颌骨齿槽前段的夹角为25°,而较小的标本中这一夹角为29°～33°,符合这一规律。

Mori(2014)指出埃德蒙顿龙的鳞骨眶后骨突关节面尾端在个体发育过程中向后移动,这一情况同样出现在杨氏莱阳龙的鳞骨中。

鸭嘴龙类的齿骨前端向内腹侧的弯曲程度随个体发育而变化(Godefroit et al.,2004;Mori et al.,2012,2013;Prieto-Márquez,2014),但是杨氏莱阳龙的大部分齿骨前部均有不同程度的破损,因此无法验证这一变化。但杨氏莱阳龙齿骨与其他鸭嘴龙类相同,具有以下个体发育特征,齿骨相对增长,齿数增加,齿密度降低(Prieto-Márqueza,2008,2014;Bell,2011)。

杨氏莱阳龙的脊椎骨骼中,较大的椎体与神经弓已近乎完全愈合,应属于成年个体,而较小的脊椎椎体大多与神经弓分离,保存完整者亦有明显的关节缝。

仅发现较小的乌喙骨,但其具有明显的幼年个体特征,即乌喙骨孔不闭合(Brett-Surman and Wagner,2006)。

杨氏莱阳龙的肩胛骨并未出现,如肩胛骨颈变宽(Horner and Currie,1994;Prieto-Márquez,2014)、肩胛骨三角肌嵴变长变粗(Brett-Surman and Wagner,2006)等明显的个体发育变化。

杨氏莱阳龙前肢的个体发育变化并不明显,除了骨干均相对加粗以外,其他已报道的个体发育特征,如肱骨三角肌嵴前外侧扩展(Godefroit et al.,2004;Brett-Surman and Wagner,2006),外侧远端角更为明显(Dilkes,2001),齿骨鹰嘴突更发育(Brett-Surman and Wagner,2006)等特征均不明显或因保存原因未观察到。

Prieto-Márquez(2014)指出埃德蒙顿龙的肠骨髋臼上突在幼年个体中较长,而成年个体则相对较短。因此,杨氏莱阳龙较小的肠骨所具有的较长的髋臼上突,有可能是其幼年个体的特征。

杨氏莱阳龙的股骨与连接埃德蒙顿龙(Prieto-Márquez,2014)和姜氏巴克龙(Prieto-Márquez,2011)的相同,幼年个体的股骨骨干远端部分相对较细,而成年个体的股骨骨干整体较直。但是,与其他鸭嘴龙类不同(Brett-Surman and Wagner,2006),杨氏莱阳龙第四转子的形态在成年个体和幼年个体之间没有明显不同,同样胫骨嵴的相对长度也没有明显变化。

3.3.7　系统发育分析方法与结果

为了解杨氏莱阳龙在鸭嘴龙超科的系统发育位置,这里的系统发育分析使用Prieto-Márquez(2016)的鸭嘴龙超科系统发育分析的矩阵,这一矩阵的特征列表是目前最新的且较为全面的特征列表之一,共包括273个不加权的形态特征(其中头骨特征189个,头后骨骼特征84个)。包括杨氏莱阳龙在内,该矩阵共62个分类单元,包括16个相对鸭嘴龙科的外类群,23个栉龙亚科成员和21个赖氏龙亚科成员。由于杨氏莱阳龙的部分骨骼代表了较小的幼年个体,其反映的特征可能随个体发育,而Prieto-Márquez(2014)指出鸭嘴龙类个体发育变化特征对系统发育结果具有明显的影响,因此将杨氏莱阳龙特征输入到矩阵时,与个体发育相关的特征编码为"?",如方骨向后弯曲程度(特征106),乌喙骨关节窝长度与肩胛骨关节面长度比值(特性197),乌喙骨腹突腹向扩展程度(特征200),肠骨髋臼上突前后向扩展程度(特征227),肠骨髋臼上突向腹侧宽展程度(特征228)等。特征矩阵运用系统发育分析软件TNT 1.1(Goloboff et al.,2008)进行运算,采用传统搜索(traditional search),TBR树枝交换算法,重复计算10 000次,每次保存10棵树。

运算的结果得到16个最简约树,树长为1 008,一致性指数(consistency index)等于0.395,保留性指数(retention index)等于0.778。严格合意树显示杨氏莱阳龙为栉龙亚科成员（图3-52），与形态学结果一致。系统发育分析结果显示杨氏莱阳龙位于埃德蒙顿龙中，有以下4个共近裔特征支持这一单系群：环鼻窝后边缘有一条嵴（特征75[1，2]），上颌骨与泪骨的关节面大部分被颧骨和前上颌骨的关节面覆盖（特征86[1]，短冠龙族除外），环鼻窝后部相当凹入（特征171[2]），以及缺少头饰（特征173[0]，始无冠龙和鸭嘴龙超科基干类群成员冠长鼻龙除外）。

　　虽然杨氏莱阳龙在埃德蒙顿龙族中的系统发育位置还没有完全解决，但其仍然可以有以下一些自近裔特征区别于埃德蒙顿龙族的其他成员：上颌骨具有33～44个齿槽（特征11[1]），部分上颌骨齿的主嵴位于上颌骨齿的后半部分（特征14[0]），上隅骨后关节突向外侧弯转（特征43[1]），前上颌骨前缘具有小孔（特征61[1]），颧骨泪骨突后缘背腹向扩展较小，前背向延伸，并构成眼眶的前腹边缘的一小部分（特征97[0]），颧骨喙突的内侧关节面凹入顶部为一条前背向延伸的窄嵴（特征100[1]），颧骨眼眶边缘大于下颞颥孔边缘（特征106[2]），肱骨三角肌嵴扩展较小（特征212[1]），肠骨髋臼后突基部具有一个短架（特征236[1]）和髋臼后突的内侧具有明显的中腹嵴，且髋臼后突内外向逐渐变粗（特征237[2]）。

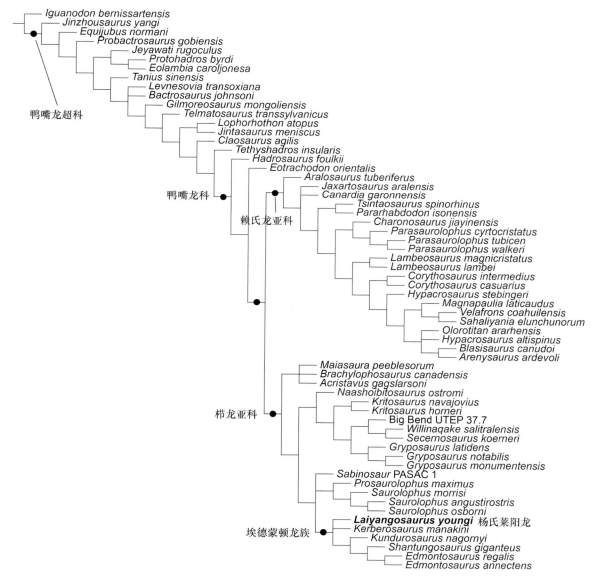

图3-52　基于16个最简约树得到的鸭嘴龙超科系统发育关系的严格合意树（Zhang et al., 2023）
树长＝1 008，RI值＝0.778，CI值＝0.395。

莱阳鸭嘴龙动物群其他成员

自20世纪20年代以来,在莱阳的白垩系地层中发现了大量以恐龙为代表的古生物化石,这些化石组成了三个重要的白垩纪动物群,即早白垩世热河生物群、晚白垩世莱阳鸭嘴龙动物群和恐龙蛋化石群。其中以青岛龙、谭氏龙等为代表的晚白垩世鸭嘴龙动物群最具代表性,它是我国晚白垩世最重要和最著名的恐龙动物群之一。

莱阳鸭嘴龙动物群主要赋存于莱阳文笔峰、将军顶和金岗口等地的上白垩统王氏群地层中,目前已记述的恐龙及其他爬行动物化石共计7大类,9属8种,包括鸭嘴龙超科的棘鼻青岛龙(*Tsintaosaurus spinorhinus*)、中国谭氏龙(*Tanius sinensis*)、杨氏莱阳龙(*Laiyangosaurus youngi*)、巨型山东龙(*Shantungosaurus giganteus*);甲龙类的似格氏绘龙(*Pinacosaurus* cf. *grangeri*);角足龙类的红土崖小肿头龙(*Micropachycephalosaurus hongtuyanensis*);兽脚类的似甘氏四川龙(cf. *Szechuanosaurus campi*)和破碎金刚口龙(*Chinkankousaurus fragilis*);其他一些可能属于剑龙类和蜥脚类等的恐龙骨骼化石(杨钟健,1958)以及龟类的镂龟未定种(*Glyptops* sp.)(图4-1)。其中,鸭嘴龙超科恐龙化石最为丰富,前文已对这些鸭嘴龙超科成员进行了详细的介绍,本章将介绍莱阳鸭嘴龙动物群中的其他成员。

图4-1 晚白垩世莱阳鸭嘴龙动物群生态复原图

4.1 红土崖小肿头龙

红土崖小肿头龙发现于莱阳红土崖的王氏群中,正型标本IVPP V 5542,包括部分残破头部骨骼(顶骨、鳞骨、基枕骨和齿骨)和部分保存不完整的头后骨骼(若干荐椎、尾椎、1个左肠骨、股骨、胫骨近端)(董枝明,1978;Bulter and Zhao,2009)。董枝明(1978)认为红土崖小肿头龙具有以下特征:体型较小,身长50～60厘米;头上顶-鳞骨肿厚,但较平,不拱起,上颞孔不封闭,头上无明显隆起栉饰;齿骨高,齿骨齿细,外侧具中嵴,两侧具小齿;6节荐椎愈合,呈双平型,第2荐椎椎体膨大,横突与荐肋愈合变粗;荐椎具有荐背肋。但由于董枝明(1978)的描述相对简单,且关键的顶骨和鳞骨并没有绘图,因此红土崖小肿头龙的有效性和分类位置一直有争议

(Sereno,2000;Sullivan,2003,2006)。

Bulter和Zhao(2009)对红土崖小肿头龙正型标本进行了重新研究,并未在正型标本中发现顶骨和鳞骨。Bulter和Zhao(2009)通过对剩余骨骼的研究,认为红土崖小肿头龙的标本没有明确的特征可将其归于肿头龙下目,将其暂归于角足龙类(Cerapoda),并修订其特征为后部背椎椎体腹侧面中央具有明显的前后向凹槽(图4-2,图4-3)。

4.2 似格氏绘龙

似格氏绘龙的标本发现于1923年,由谭锡畴和Zdansky采集于莱阳天桥屯的王氏群地层中(Buffetaut,1995;Buffetaut and Tong,1995)(图4-4,图4-5)。似格

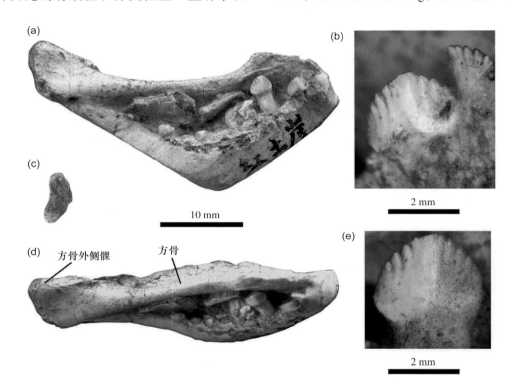

图4-2 红土崖小肿头龙左方骨和齿列碎片(IVPP V 5542)(Bulter and Zhao,2009)
(a)骨后中视;(b)齿冠;(c)方骨髁;(d)方骨后视;(e)齿冠。

图4-3 红土崖小肿头龙脊椎骨骼(Bulter and Zhao,2009)

图4-4　似格氏绘龙荐椎和右肠骨（PMU R246）背视

图4-5　似格氏绘龙荐椎和右肠骨（PMU R246）腹视

氏绘龙的正型标本（PMU R246）包括一个荐椎和右肠骨、几节尾椎，以及1个左股骨，保存于瑞典乌普萨拉大学。似格氏绘龙最重要的特征是其肠骨具有一个明显侧向扩展的呈翼状的肠骨髋臼前突，显示其具有一个相当宽阔的躯干，这一特征与格氏绘龙（*Pinacosaurus grangeri*）相同（Buffetaut，1995；Buffetaut and Tong，1995）。由于其标本较少，且缺少重要的头部骨骼，因此Buffetaut（1995）暂将其命名为似格氏绘龙。

4.3 兽脚类

4.3.1 似甘氏四川龙

似甘氏四川龙与棘鼻青岛龙一起由杨钟健等于1951年发现于莱阳金岗口村附近，标本共包括12颗兽脚类恐龙的牙齿（IVPP V 756-761，V 764-766，V 783-785）（图4-6）。这些牙齿大小不等，且来自相距不远的3个地点，但其形态特征基本相同，即扁平且稍有弯曲，前后缘均有均匀的锯齿，因此将其归于同一种（杨钟健，1958）。此外，杨钟健（1958）认为这些兽脚类牙齿与四川发现的甘

氏四川龙（*Szechuanosaurus campi*）（Young，1942），形态相似且大小相近，但由于仅有牙齿没有其他部分骨骼，且两个化石地点相距较远且层位也不相同，因此将莱阳金岗口的兽脚类牙齿化石命名为似甘氏四川龙。

4.3.2 破碎金刚口龙

破碎金刚口龙同样于1951年发现于莱阳金岗口村附近的王氏群中，其正型标本为一个不完整的右侧肩胛骨（IVPP V 836）（杨钟健，1958）（图4-7）。杨钟健（1958）认为这一肩胛骨与一般兽脚类肩胛骨相似，全骨细长，且较直，末端略有加宽，由于发现位置周围未发现牙齿化石，因此无法确定其与似甘氏四川龙之间的关系，因此暂将其命名为破碎金刚口龙。

4.3.3 虚骨龙类未定种

Poropat和Kear（2013）重新描述1923年谭锡畴和Zdansky在莱阳王氏群地层中采集的兽脚类恐龙的脊椎骨骼，并将其归于虚骨龙类（Coelurosauria）。Poropat和Kear（2013）认为谭锡畴在莱阳将军顶采集的4个脊椎骨骼化石中，1个颈椎（PMU 24711）和1个背椎（PMU

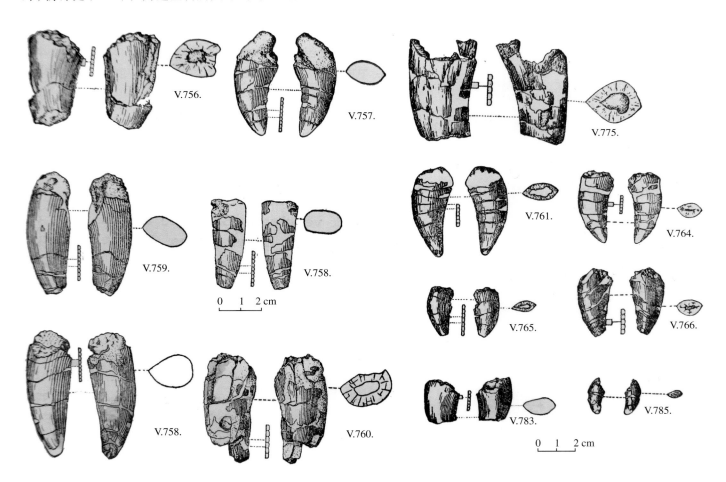

图4-6　似甘氏四川龙牙齿（杨钟健，1958）

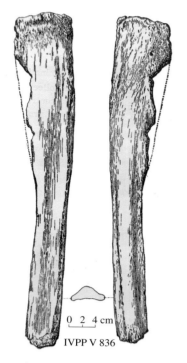

图4-7　破碎金刚口龙右肩胛骨（杨钟健，1958）

24713），可能属于暴龙超科（Tyrannosauroidea）；1个颈椎（PMU 24712）与杨钟健（1958）在莱阳金岗口发现的一个单独的兽脚类脊椎相似；而尾椎（PMU 24714）可能属于似鸟龙类（图4-8）。同样，Zdansky在天桥屯发现的1个尾椎（PMU 24719）也可能属于似鸟龙类；而指骨（PMU 24717）则与非手盗龙的虚骨龙类（non-maniraptoran coelurosaurs）成员的指骨更相似。

4.4　镂龟未定种

这一标本发现于莱阳金岗口的王氏群地层中，是在修理1951年采集的恐龙化石过程中发现的，仅有1块较完整龟类右侧第4肋甲（周明镇，1954a）。标本左右长60 mm，内部较窄，外侧较宽，且可见肋骨末端，标本腹侧面粗糙，布满前后向的突起和凹槽（周明镇，1954a）。周明镇认为这一标本与欧洲和北美中生代晚期的镂龟相似，但由于莱阳标本太少，因此将其暂归入镂龟，作为镂龟未定种。

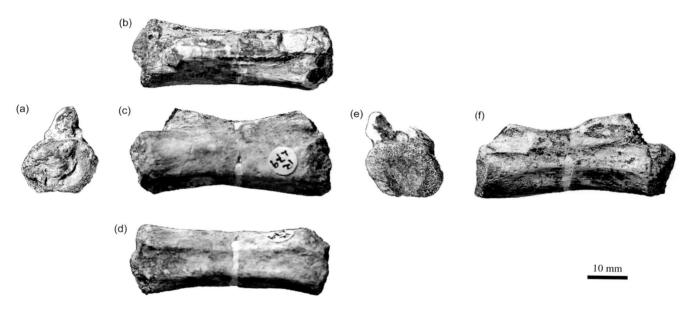

图4-8　兽脚类尾椎（PMU 24714）（Poropat and Kear，2013）
（a）后视；（b）背视；（c）右侧视；（d）腹视；（e）前视；（f）左侧视。

5

莱阳鸭嘴龙动物群化石埋藏学研究

埋藏学是研究古生物化石形成过程中，影响不同阶段生物遗体的保存的各种生物学、化学以及物理学等作用，以及相关记录和信息的古生物学分支，埋藏学既研究化石的埋藏过程，也关注它们的保存状况和条件。埋藏模式可以定义为通过还原特定地层或区域内的化石保存和埋藏特征，以及化石与地层间的地质关系，来反映生物死后与外界环境沉积物的相互影响（Behrensmeyer，1991；Eberth and Currie，2005；Lauters et al.，2008）。近年来，多个以鸭嘴龙类为主的化石层的埋藏学研究取得了显著进展（Eberth and Currie，2005；Lauters et al.，2008；Scherzer and Varricchio，2010，柳永清等，2011；Hone et al.，2014；Evans et al.，2015），这对了解鸭嘴龙类的死亡前后的生存和埋藏环境、种群组成状况和集群死亡原因具有十分重要的意义。

近年来，在莱阳2号地点恐龙化石的发掘过程中，基本掌握了化石富集埋藏的规律，在不到100 m的视厚度范围内，确认了至少8层连续的恐龙等化石富集层位，这在世界上也极为罕见。通过对2号地点持续多年的大规模发掘，目前已经暴露了其中的5个化石富集层。2号化石地点的发掘过程大致分为两个阶段，2010年至2012年发掘和保护的重点为2号地点西侧区域，这也是该地点最早发现化石的区域。在此期间，也对1号地点进行了初步发掘和保护，以厘定青岛龙化石地点的准确位置。此后为了配合莱阳国家地质公园的申报和建设，这两个区域被莱阳市政府作为发掘遗址进行保护，并在其上建立了莱阳1号和2号遗址馆。自2013年开始，发掘的重点转移到2号遗址馆东侧低洼多水区域，并相继对5个连续的化石富集层进行了依次暴露和发掘，自上而下将其命名为第1～5化石富集层。本书在莱阳2号地点化石发掘原始资料的基础上，将重点讨论化石埋藏特征，总结其埋藏规律，并分析鸭嘴龙动物群集群死亡事件的原因。

5.1 化石富集层沉积特征

2号地点发掘剖面位于2号遗址馆东侧，是2013年之后的重点发掘区域。剖面呈南北向展布，剖面全长约65 m，真厚度约25 m。由于2号地点化石的发掘工作是从上部化石层开始并逐步向下部化石层展开的，且向下还可能有多个化石富集层。为便于今后的发掘和研究工作，这里对化石富集层，由上至下简述如下（图5-1，图5-2）：

金刚口组，上未见顶。

1. 灰绿色泥岩、粉砂质泥岩　　　　　　　　　　　　5 m
2. 灰白色钙质泥岩与灰绿色泥岩互层。灰白色层共三层，上部两层较薄，下部一层较厚　　　2.5～3.3 m
3. 底部为灰白色含碎屑状恐龙骨骼的砾岩，下部为灰绿色粉砂质泥岩，含有大量以恐龙为主的脊椎动物化石，骨骼自下而上分别为完整的、完整与破碎杂乱堆积的和破碎为砾石状的三种保存类型；中部灰黑色泥岩，含有一些孤立的鸭嘴龙和兽脚类等恐龙牙齿、破碎骨骼及植物碎屑和无脊椎动物化石；上部为灰绿色泥岩、粉砂质泥岩，不含化石。该层在发掘剖面上发育一正断层，断距2～3 m，将这一化石富集层分为第1、2两个化石层。主要产出鸭嘴龙类（赖氏龙亚科的棘鼻青岛龙和一种栉龙亚科鸭嘴龙）化石，少量兽脚类恐龙、龟类和鳄类等脊椎动物、恐龙蛋化石，以及水生无脊椎动物和植物化石
　　　　　　　　　　　　　　　　　　　　　　2.4 m
4. 灰绿色泥岩，向上部渐变有红色泥岩，夹有一褐红色透镜层　　　　　　　　　　　　　　　2.5 m
5. 褐红色泥岩，第3化石富集层富层，主要产出鸭嘴龙类（赖氏龙亚科的棘鼻青岛龙和栉龙亚科的杨氏莱阳龙）化石，以及少量兽脚类恐龙、龟类和恐龙蛋化石
　　　　　　　　　　　　　　　　　　　　　　1.6 m
6. 灰白色含砾砂岩、砾岩。下部砾石具正粒序，上部具平行层理　　　　　　　　　　　　　　1.3 m

7. 上部砖红色泥岩夹有多个很薄的灰白色钙质泥岩层；下部砖红色泥岩中含有以恐龙为主的脊椎动物化石，为第4化石富集层，主要产出甲龙类、兽脚类和鸭嘴龙类化石　　　　　　　　　　　　　3 m

8. 灰白色、灰色钙质粉砂质泥岩　　　　　　0.2 m

9. 上部砖红色泥岩，夹有多条灰白色钙质条带；下部砖红色泥岩，为第5化石层，含有完整的龟类化石

　　　　　　　　　　　　　　　　　　　3.4 m

10. 灰白色含砾砂岩，横向厚度不稳定，呈透镜层

　　　　　　　　　　　　　　　　　0.3～1 m

11. 砖红色泥岩　　　　　　　　　　　　　1.5 m

12. 灰白色砂砾岩　　　　　　　　　　　　　1 m

13. 砖红色泥岩　　　　　　　　　　　　　　1 m
　　未见底（下伏地层为红色泥岩）。

发掘剖面可以明显分为上下两部分，上部分（1～3层）以灰绿色、灰黑色等深色沉积为主，而下部分（4～13

层）主要以灰白、红色等浅色沉积为主，结合发掘剖面上覆和下伏地层，反映其上部和下部地层所代表的气候环境发生了明显变化（图5-1，图5-2）。此外，剖面具有旋回性，一般每一旋回的下部为灰白色砂砾岩，中上部一般为红色或灰绿色粉砂质泥岩。

5.2　化石富集层埋藏特征
5.2.1　第1、2化石层埋藏特征

第1、2化石层事实上为同一层，是由于断层错动导致其在剖面和平面上为两层。此外第2化石层为遗址馆内的化石富集层向外的延伸，属于同一层（图5-1，图5-2）。这一化石富集层主要由灰绿色、灰黑色含砂砾泥岩、泥岩组成（图5-1～图5-3），其中遗址馆内为2010—2012年的发掘和重点保护区域，发掘面积约200 m²，富集层厚度约1.4 m，已发现千余件化石，小者如牙齿和骨骼碎块，大者如鸭嘴龙的股骨、胫骨和坐骨等，长轴长度可达1.2～1.3 m。这一区域在暴露清理过程中被记录并编

图5-1　莱阳2号发掘地点
显示已发掘的5个化石层，发掘剖面长度约65 m。

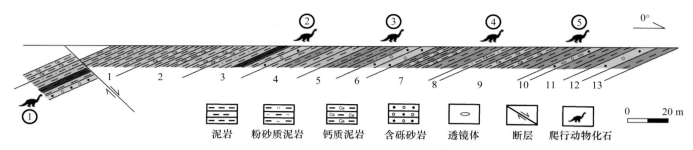

图5-2　莱阳2号化石地点发掘剖面

号的所有化石(包括牙齿和破碎骨骼等)骨骼呈黑色,共486件,其中,在清理暴露过程中采集了427件。为配合遗址博物馆建设,目前有59个较大且较完整的骨骼被原地保存于化石层面之上,而大部分较小的(长度小于5 cm)且无法辨认的化石碎块虽然采集但并未记录编号。馆内化石层由于保护的需要,沉积在下部富集层中的大而完整的骨骼几乎没有暴露,因此在总体数量上,小的偏多;已编号记录的标本中,小的共344块,占全部记录标本的70%。由于遗址馆外第1、2化石富集层发掘较晚,发掘工作仍在进行中,还有大量化石未暴露和采集,因此,馆内和馆外的原始埋藏信息并不全面。

总体上这一化石层从下至上骨骼分布具有明显差异,底部有一层厚度不大的灰白色砾岩和砾石状骨骼混杂层,砾石磨圆较好,分选较差,骨骼碎片磨圆程度不一,多为二次搬运的产物,厚度不大,约20 cm;完整而个体相对较大的骨骼集中堆积在下部,主要以不同个体大小、分散但完整的鸭嘴龙骨骼(少部分骨骼完整且相互关联)和少量较完整的兽脚类恐龙骨骼为主,这些骨骼绝大多数呈现平行层面分散保存,长轴没有明显的定向性(图5-3d,e),并有少部分骨骼的长轴斜交或垂直层面保存,代表了高密度重力流——泥石流沉积特征(图5-3a)。中部为近于完整的骨骼和呈砾石状的骨骼碎片杂乱堆积。上部以小的破碎骨骼为主,这些化石主要包括较小的椎体、牙齿、破碎的脊椎棘突、肋骨和筋腱,以及其他无法辨认的骨骼碎块,其中以后者居多(图5-3b)。这一主要化石富集层之上为一套灰黑色泥岩,具水平层理,其中含有大量植物碎屑并成层分布,以及鸭嘴龙、兽脚类、鳄类牙齿、龟板等的细小破碎骨骼,最上部为3个灰绿色泥岩与灰白色钙质泥岩互层的旋回,几乎不含化石,这一下粗上细正粒序沉积旋回代表一类水下扇(图5-1,图5-2)。

该化石富集层主要以鸭嘴龙科成员为主,其中遗址馆内发现的鸭嘴龙化石(272块)占所有记录化石总数的56%,为可辨认的化石总数(308块)的88%:这一化石层其他类群的脊椎动物化石则发现相对较少,包括兽脚类9块、龟类24块、鳄类3块(表5-1)。这一化石层发现的一部分鸭嘴龙个体具有明显的栉龙亚科(Saurolophinae)的特征,归于杨氏莱阳龙。另有一部分鸭嘴龙个体具有赖氏龙亚科的特征,暂归于棘鼻青岛龙。这一区域发现的鸭嘴龙科化石虽然大小不同,但呈现出形态相似的特点。由前文形态学研究显示,部分大小不同的标本具有明显的个体发育变化特征。此外,骨组织学研究也印证了这一观点,两个大小不同的股骨,分别代表近成年个体和幼年个体。因此,参照Horner等(2000)对慈母龙个体发育阶段的研究,按其股骨和胫骨长度推测这几类大小不同的个体应分别属于成年、亚成年和幼年晚期个体。该化石富集层中大多数较大的完整骨骼仅两端略有磨损,少数骨骼被压扁,几乎未见其他动物侵扰的抓痕和齿痕;较小骨骼磨损严重,部分已被磨圆。

表5-1　莱阳2号地点第2化石层(遗址馆内)和第3化石层(遗址馆外)标本统计

发掘面积和标本数	第2化石层 (2010—2012)	第3化石层 (2013—2016)
发掘面积(m²)	约200	约200
记录的标本数	486	1 266
采集的标本数	427	1 077
鸭嘴龙类	272	1 058
暂不能鉴定的恐龙骨骼	178	189
兽脚类	9	7
龟类	24	12
鳄类	3	—

图5-3　莱阳2号地点第1～3化石富集层

（a）遗址馆内第2化石层鸭嘴龙类化石，方框内为一对完整近关联的杨氏莱阳龙坐骨；（b）第2化石层上部破碎骨骼；（c）第1化石层完整但分散保存的鸭嘴龙类和兽脚类骨骼；（d）-（f）第3化石富集层下部的杨氏莱阳龙化石，（d）方框内为斜交层面的肋骨，（e）方框内为近关联的胫骨和腓骨，（f）方框内为垂直于层面的坐骨。

5.2.2　第3化石层埋藏特征

　　第3化石层是近几年发掘的重点层位，也是产出化石最多的富集层，采集面积约200 m²，化石富集层厚度约1.5～1.8 m，主要为褐红色含砾粉砂质泥岩（图5-1，图5-2，图5-3d，e），夹杂少量胃石。这一层中产出大量鸭嘴龙为主的骨骼呈灰白色，与第1、2化石层骨骼呈黑色明显不

同，其中记录并编号的有1 266件，可辨认的化石有1 077件，还有189件较大但发掘时无法辨认的化石，此外还有部分无法辨认的较小的化石碎片，推测个体数近20。与此前的第1、2化石层类似，最大者完整的股骨、胫骨和腓骨等长近1.3 m。这一化石层下部分散保存着大小不等但完整的骨骼（部分关联或同一个体相距很近），长轴没有明显

定向,不同个体的骨骼相互叠加,杂乱堆积,还有部分骨骼斜交或垂直于层面埋藏(图5-3d),部分肢骨呈相连状态(图5-3e);而上部同样主要产出较小的椎体和其他一些较小的骨骼,以及破碎的化石,但其中破碎化石的数量较少。第3化石层上部小化石分布相对分散,未出现如第1、2化石层中上部较小的化石碎块密集堆积的状况,剖面下粗上细正粒序(图5-3b)。

这一化石层主要以鸭嘴龙科化石为主(1 058块),为记录的化石总数的84%,可辨认的化石中仅有兽脚类化石7块、龟类化石12块。这一区域发现的鸭嘴龙科化石其形态与遗址馆内和第1、2化石层发现的鸭嘴龙科化石比较相似,一部分个体应属于杨氏莱阳龙,而另一部分属于棘鼻青岛龙,修理后部分骨骼装架了4具鸭嘴龙类骨架(莱阳龙和青岛龙成年、幼年各一具)。该化石层的鸭嘴龙科成员的个体也明显分成大、中、小三类,同样按其股骨和胫骨长度推测应分别代表成年(长度约1.3 m)、亚成年(约0.9 m)和幼年晚期(约0.6 m)个体,其中幼年个体最多,成年个体次之,而亚成年个体最少。

5.2.3 第4、5化石层埋藏特征

第4、5化石层具有相似的沉积和埋藏特征,主要为砖红色泥岩,富含脊椎动物化石(图5-1,图5-2),其中第4化石层发现的化石骨骼也是个体大的位于下部,个体小的位于上部,但与第1~3层主要为鸭嘴龙科化石略有不同,这一层中不但发现鸭嘴龙类化石,而且发现可能属于甲龙类和兽脚类的部分骨骼。而第5化石层目前仅发现3个较完整的龟类化石,其他类群的骨骼还没有发现。

5.3 化石埋藏环境与集群死亡分析

虽然2号地点的第1、2化石层和第3化石层底部的标本分布都相对分散,但从发掘过程中的埋藏状态(图5-3),以及化石分布图(图5-4,图5-5)中可以看出,有些分布在一个较小范围内、大小相近且相聚不远的骨骼可能属于同一个体。这些骨骼大多属于鸭嘴龙类动物身体中的同一部位或相邻部位,有些甚至还处在近似关联的状态(图5-3a,e)。遗址馆内的化石层中发现了一对关节面可以相互吻合的较小的上颌骨(IVPP V 23405.1)和颧骨(IVPP V 23405.2)(图3-27a),明显属于杨氏莱阳龙(详见第3章),其周围较小的鸭嘴龙科骨骼也显示有明显的栉龙亚科特征(肩胛骨肩峰突平直,近端不向背侧翻转;肩胛骨三角肌嵴明显;坐骨的肠骨突不向后翻转,形成拇指状等)(Prieto-Márqueza,2010),因此将其归于杨氏莱阳龙,这些骨骼附近还有一些如股骨、胫骨等无法辨别确切归属的鸭嘴龙科化石,很有可能与以上标本一起属于两个杨氏莱阳龙个体(由肩胛骨数量判断)(图5-4a)。此外,还有多个区域具有相似的情况,遗址馆内的化石层保存有一对较大的坐骨近乎处于原本关联状态(图5-3a),在其周围还发现一个较大的肩胛骨、股骨和胫骨等化石,很可能属于同一个体(图5-4b),有坐骨干远端不发育

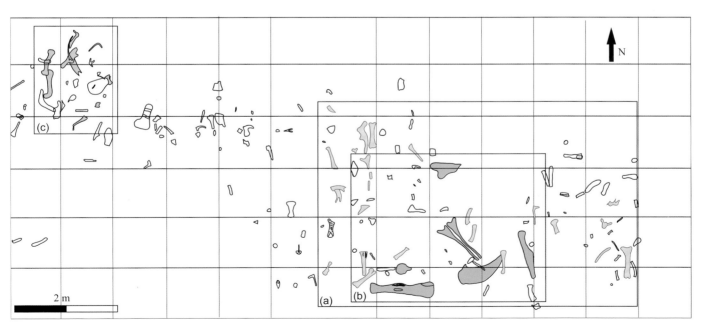

2 m

图5-4 莱阳2号遗址馆内第2化石层化石分布图
(a)两个杨氏莱阳龙的较小个体;(b)一个杨氏莱阳龙的较大个体;(c)一个杨氏莱阳龙的较小个体。

足状突、肩胛骨三角肌嵴明显、肩峰突平直等栉龙特征（Prieto-Márquez，2010），将其归于杨氏莱阳龙。同样近期的发掘过程中，在第3化石层发掘区域的西南角（图5-5a），发现了一系列较大的脊椎骨、腰带和后肢骨骼，相距较近，其中有一对胫骨腓骨呈近似关联状态（图5-3e），很有可能属于同一个体，因其坐骨不发育足状突，暂将这些个体都归于杨氏莱阳龙。在第3化石层中发现的可归于棘鼻青岛龙的肱骨和腓骨（见第4章），相距不远，与分布于两者之间的相互叠压的成对的股骨胫骨很有可能属于同一个体（图5-5b）。

2号地点的化石富集层都具有较为相似的岩石学、沉积学和埋藏学特征，均显示为泥石流搬运特征，而化石层之间的岩层则多为洪泛平原沉积。同时，这些化石富集层（除第5层外）还都具有以下沉积特征：① 骨骼具有下粗上细的粒序性；② 大小个体不同的骨骼保存在一起，虽然分散但保存完整，有的骨骼还部分关联，同一个体的骨骼相距很近；③ 骨骼长轴没有明显的方向性，有的为平行层面，有的斜交甚至垂直层面；④ 有些层位完整骨骼和二次搬运的呈砾石状有一定磨圆的破碎骨骼混杂堆积；⑤ 个别层上部细小骨骼诸如牙齿等与大量植物碎屑，以及较小的恐龙蛋碎片共同保存。这些特征是典型的泥石流沉积（Eberth et al.，2006；Evans et al.，2015），上

部灰绿色层甚至是水下扇沉积（Scherzer and Varricchio，2010）。

第1、2化石层中大量完整、个体大小不同以及相互关联的骨骼代表突发性泥石流导致生活着的鸭嘴龙动物群集群死亡，其中在化石层底部和中上部呈砾石状的骨骼碎块和大量恐龙蛋蛋壳碎片都具有明显的二次搬运特征。此外，这一化石层上部发现的大量植物碎屑和水生无脊椎动物化石也反映了这一化石层在一段时间内频繁受到流水作用的影响（Evans et al.，2015）。综上推测，这一富集的化石至少经历了两次以上的洪水和泥石流作用，在最终搬运前，部分恐龙尸体由于暴露，软组织已腐烂，仅剩骨骼，但也有部分被卷入泥石流导致其死亡，暴露的骨骼被泥石流打碎成为砾石状，而具有软组织保护的肢体被泥石流吞没撕裂，经短距离搬运后快速沉积和埋藏。

第3化石层与第1、2化石层的埋藏特征基本相同，下部较完整的骨骼磨损程度较小，显示这些鸭嘴龙死亡后遗体并未长时间暴露，也没有受到肉食性恐龙的破坏。尽管本书并未进行系统的骨骼完整度分析，但已有的化石埋藏资料显示在第3化石层中已发现的骨骼所代表的个体完整度都相对较低，这一化石层中发现的可归于鸭嘴龙科的化石仅有1 058块；通过骨骼分布状况和股

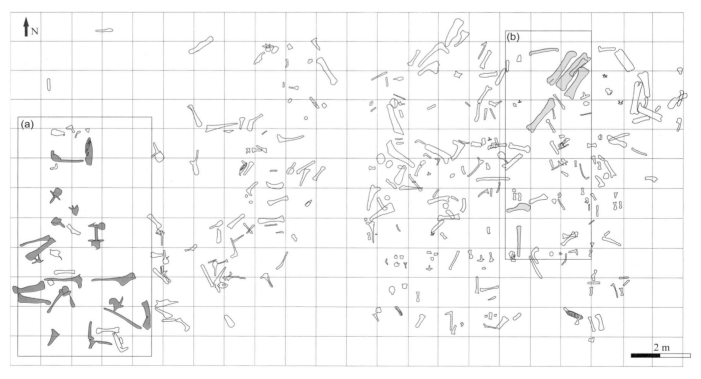

图5-5　莱阳2号地点第3化石层分布图
（a）一个杨氏莱阳龙的较大个体；（b）一个棘鼻青岛龙的较大个体。

骨、胫骨个数推测，至少有18个大小不同的鸭嘴龙科个体，总共应有7 002块骨骼，其中每个个体应有389块骨骼（Eberth et al.,2014），目前发现的骨骼仅为理论数量的15%。由于生物和风化作用对标本影响较小，因此认为骨骼的缺失主要是发掘面积太小。从骨骼原始埋藏状态来看，受泥石流短距离快速搬运埋藏的同一个体的骨骼都相距不远，尽管如此，近20个不同大小的恐龙个体全部埋藏在约200 m²的范围内，显然是不够的。综合以上分析，结合第3化石层中的化石埋藏特征，初步推测生活着的鸭嘴龙动物群体被突发的洪水和泥石流吞没撕裂，经过短距离的搬运后快速堆积埋藏下来，此后并未发生二次搬运。

此前多位研究者认为幼年鸭嘴龙群体与成年鸭嘴龙群体之间存在生态学意义上的隔离（Carpente,1999；Lauters et al.,2008；Scherzer and Varricchio,2010；Hone et al.,2014）。有些化石层中仅发现有幼年个体或亚成年个体（Scherzer and Varricchio,2010），而有些化石层中仅发现成年个体（Hone et al.,2014）。在莱阳2号地点，第1～3化石层中的鸭嘴龙骨骼都可明显分成个体大小不同的几类，个体较小的股骨或胫骨的长度大致为个体较大的一半，个别骨骼介于两者之间。通过前文的形态学和骨组织学研究，并参照Horner et al.(2000)对慈母龙个体发育阶段的研究，按其股骨和胫骨长度推测这三类大小不同的个体应分别属于近乎成年、亚成年和幼年晚期个体。2号地点的这些化石层中都没有发现更为年幼的个体。这一个体大小分布特点与Brinkman (2014)描述的加拿大艾伯塔省（Alberta）的恐龙公园组（Dinosaur Park Formation）的鸭嘴龙类化石层以及Lauterset al.(2008)描述的俄罗斯远东地区布拉戈维申斯克（海兰泡）的阿穆尔龙化石层的个体大小分布特点十分相似。Carpenter(1999)认为由于长途迁徙能力和食物结构不同等原因，幼年鸭嘴龙群体单独生活，直至成长至亚成年或成年个体大小的一半时，才加入成年鸭嘴龙群体。Lauterset et al.(2008)利用这一假说对阿穆尔龙化石层阿穆尔龙个体大小分布特点进行了解释。同样，这一假说也可以解释2号地点同时存在成年个体，以及只有其一半大小的幼年晚期个体和个别亚成年个体的情况。结合莱阳2号化石地点鸭嘴龙化石层沉积和化石埋藏特征反应的泥石流事件，可以推断莱阳鸭嘴龙动物群的集群死亡事件发生在幼年晚期个体刚刚加入成年鸭嘴龙群体后，生活在河湖边的这一鸭嘴龙群体被卷入突发的洪水或泥石流，并被短距离搬运快速堆积所致，有时鸭嘴龙遗体暴露后，又经过后续发生的泥石流的二次搬运。

参考文献

董枝明.1978.山东莱阳王氏组中一肿头龙.古脊椎动物学报,16（4）:225-228.

胡承志,程政武,庞其清等.2001.巨型山东龙.北京:地质出版社:1-216.

胡承志.1973.山东诸城巨型鸭嘴龙化石.地质学报,47（2）:179-206.

李日辉,张光威.2000.莱阳盆地莱阳群恐龙足迹化石的新发现.地质论评,46（6）:605-610.

李日辉,张光威.2001.山东莱阳盆地早白垩世莱阳群的遗迹化石.古生物学报,40（2）:252-261.

刘东生,1951.山东莱阳恐龙及蛋化石发现的经过.科学通报,2（11）:1157-1162.

柳永清,旷红伟,彭楠,等.2011.山东胶莱盆地白垩纪恐龙足迹与骨骼化石埋藏沉积相与古地理环境.地学前缘,18（4）:9-24.

谭锡畴.1923.山东中生代及其第三纪地层.地质汇报,5（2）:55-79.

汪筱林,王强,王建华,等.2010.山东莱阳白垩纪恐龙和恐龙蛋化石的发现与研究.第十二届中国古脊椎动物学学术年会论文集.董为主编.北京:海洋出版社:293-306.

闫峻,陈江峰.2005.胶州大西庄晚中生代玄武岩中单斜辉石巨晶.安徽理工大学学报（自然科学版）,25（3）:9-13.

杨钟健.1954.山东莱阳蛋化石.古生物学报,2（4）:371-388.

杨钟健.1958.山东莱阳恐龙化石.中国古生物志,12:1-138.

张嘉良,汪筱林.2012.鸭嘴龙头饰的结构和功能研究.科学,64（3）:24-28.

张俊峰.1992.山东莱阳中生代晚期昆虫群及其古生态特征.科学通报,37（5）:431-434.

赵喜进.1962.山东莱阳鹦鹉嘴龙一新种.古脊椎动物学报,6（4）:349-364.

赵喜进,李敦景,韩岗,等.2007.山东的巨大诸城龙.地球学报,28（2）:111-122.

赵喜进,王克柏,李敦景.2011.巨大华夏龙.地质通报,30（11）:1671-1688.

甄朔南.1976.山东莱阳鸭嘴龙一新种.古脊椎动物学报,14（3）:166-168.

周明镇.1954a.山东莱阳化石蛋壳的微细结构.古生物学报,2（4）:389-394.

周明镇.1954b.山东莱阳白垩纪后期龟类化石.古生物学报,2（4）:395-408.

周赞衡.1923.山东白垩纪之植物化石.地质汇报,5（2）:81-83.

Bakker R T. 1972. Anatomical and ecological evidence of endothermy in dinosaurs. Nature, 238: 81-85.

Barrett P M, Butler R J, Xiao-Lin W, et al. 2009. Cranial anatomy of the iguanodontoid ornithopod *Jinzhousaurus yangi* from the Lower Cretaceous Yixian Formation of China. Acta Palaeontologica Polonica, 54(1): 35-48.

Behrensmeyer A K. 1991. Terrestrial vertebrate accumulations// Allison P A, Briggs D E G eds. Taphonomy: Releasing the Data Locked in the Fossil Record. New York: Plenum: 291-335.

Bell P R. 2011. Cranial osteology and ontogeny of *Saurolophus angustirostris* from the Late Cretaceous of Mongolia with comments on *Saurolophus osborni* from Canada. Acta Palaeontologica Polonica, 56(4): 703-722.

Bell P R, Brink K S. 2013. *Kazaklambia convincens* comb. nov., a primitive juvenile lambeosaurine from the Santonian of Kazakhstan. Cretaceous Research, 45: 265-274.

Bolotsky Y, Godefroit P. 2004. A new hadrosaurine dinosaur from the Late Cretaceous of Far Eastern Russia. Journal of Vertebrate Paleontology, 24: 354-368.

Bolotsky Y L, Kurzanov S K. 1991. The hadrosaurs of the Amur Region//Geology of the Pacific Ocean Border. Blagoveschensk: Amur KNII: 94-103.

Bonaparte J F, Franchi M R, Powell J E, et al. 1984. La Formación Los Alamitos (Campaniano-Maastrichtiano) del sudeste de Río Negro, con descripción de *Kritosaurus australis* n. sp.(Hadrosauridae). Significado paleogeográfico de los vertebrados. Revista, 39(3-4): 284-299.

Borinder N H. 2015. Postcranial anatomy of *Tanius sinensis* Wiman, 1929 (Dinosauria; Hadrosauroidea). Ph.D. dissertation. Uppsala: Uppsala University, 1-112.

Brett-Surman M K. 1979. Phylogeny and palaeobiogeography of hadrosaurian dinosaurs. Nature, 277: 560-562.

Brett-Surman M K. 1989. A revision of the Hardrosauridae: (Reptilia: Ornithischia) and their evolution during the Campanian and Maastrichtian. PhD dissertation, Washington DC: George Washington University: 271.

Brett-Surman M K, Wagner J R. 2006. Discussion of character analysis of the appendicular anatomy in Campanian and Maastrichtian North American hadrosaurids-variation and ontogeny. Horns and beaks: ceratopsian and ornithopod dinosaurs//Carpenter K ed. Indiana

University Press, Bloomington, Ind: 135−169.

Brown B. 1910. The Cretaceous Ojo Alamo beds of New Mexico with description of the new dinosaur genus *Kritosaurus*. Bulletin of the American Museum of Natural History, 28: 267−274.

Brown B. 1912. A crested dinosaur from the Edmonton Cretaceous. Bulletin of the American Museum of Natural History, 31: 131−136.

Brown B. 1913. A new trachodont dinosaur, *Hypacrosaurus*, from the Edmonton Cretaceous of Alberta. American Museum of Natural History, 32: 395−406.

Brown B. 1914a. Cretaceous Eocene correlation in New Mexico, Wyoming, Montana, Alberta. Bulletin of the Geological Society of America, 25(1): 355−380.

Brown B. 1914b. *Corythosaurus casuarius*, a new crested dinosaur from the Belly River Cretaceous, with provisional classification of the family Trachodontidae. Bulletin of the American Museum of Natural History, 33: 559−565.

Brown B. 1916. A new crested trachodont dinosaur *Prosaurolophus maximus*. Bulletin of the American Museum of Natural History, 35: 701−708.

Buffetaut E, Tong H Y. 1993. *Tsintaosaurus spinorhinus* Young and *Tanius sinensis* Wiman: a preliminary comparative study of two hadrosaurs (Dinosauria) from the Upper Cretaceous of China. Comptes rendus de l'Académie des sciences. Série 2. Mécanique, Physique, Chimie, Sciences de l'univers, Sciences de la Terre, 317(9): 1255−1261.

Buffetaut E. 1995. An ankylosaurid dinosaur from the Upper Cretaceous of Shandong (China). Geological Magazine, 132(6): 683−692.

Buffetaut E, Tong H Y. 1995. The Late Cretaceous dinosaurs of Shandong, China: old finds and new interpretations//Sun A L, Wang Y Q, eds, Sixth Symposium on Mesozoic Terrestrial Ecosystems and Biota. Beijing: China Ocean Press, 139−142.

Butler R J, Zhao Q. 2009. The small-bodied ornithischian dinosaurs *Micropachycephalosaurus hongtuyanensis* and *Wannanosaurus yansiensis* from the Late Cretaceous of China. Cretaceous Research, 30(1): 63−77.

Campione N E, Evans D C. 2011. Cranial growth and variation in *Edmontosaurus* (Dinosauria: Hadrosauridae): implications for latest Cretaceous megaherbivore diversity in North America. PLoS One, 6(9): e25186.

Carpenter K. 1999. Eggs, nests, and baby dinosaurs. Bloomington: Indiana University Press, 1−336.

Casanovas M L, Llopis J V S, Isidro-Llorens A. 1993. *Pararhabdodon isonense*, n. gen. n. sp.(Dinosauria): estudio morfológico, radio-tomográfico y consideraciones biomecánicas. Paleontologia i Evolució, (26): 121−132.

Casanovas M L, Santafé-Llopis J V, Isidro-Llorens A. 1993. *Pararhabdodon isonensis* n. gen. n. sp. (Dinosauria). Estudio mofológico, radio-tomográfico y consideraciones biomecanicas. Paleontologia i Evolució, 26−27: 121−131.

Casanovas M L, Suberbiola X P, Santafé J V, et al. 1999. First lambeosaurine hadrosaurid from Europe: palaeobiogeographical implications. Geological Magazine, 136(2): 205−211.

Case J A, Martin J E, Chaney D S, et al. 2000. The first duck-billed dinosaur (Family Hadrosauridae) from Antarctica. Journal of Vertebrate Paleontology, 20(3): 612−614.

Chapman R E, Brett-Surman M K. 1990. Morphometric observations on hadrosaurid ornithopods//Carpenter K, Currie P J, eds., Dinosaur Systematics Approaches and Perspectives. Cambridge: Cambridge University Press, 163−177.

Chinsamy-Turan A. 2005. The microstructure of dinosaur bone: deciphering biology with fine-scale techniques. Baltimore: Johns Hopkins University Press, 1−216.

Chow M C. 1951. Notes on the Late Cretaceous dinosaurian remains and the fossil eggs from Laiyang, Shantung. Bulletin of the Geological Society of China, 31(1−4): 89−96.

Cope E D. 1869. Sinopsis of the extinct Batracia, Reptilia and Aves of North America. Transactions of the American Philoshopical Society, 14: 1−252.

Cope E D. 1876. Descriptions of some vertebrate remains from the Fort Union Beds of Montana. Proceedings of the Academy of Natural Sciences of Philadelphia, 28: 248−261.

Curry K A. 1999. Ontogenetic history of *Apatosaurus* (Dinosauria: Sauropoda): new insights on growth rates and longevity. Journal of Vertebrate Paleontology, 19: 654−665.

Cuthbertson R S. 2006. A redescription of the holotype of *Brachylophosaurus canadensis* (Dinosauria: Hadrosauridae), with a discussion of chewing in hadrosaurs. Masters dissertation, Ottawa: Carleton University, 128.

Dodson P. 1975. Taxonomic implications of relative growth in lambeosaurine hadrosaurs. Systematic Zoology, 24: 37−54.

Dilkes D W. 2001. An ontogenetical perspective on locomotion in the Late Cretaceous dinosaur *Maiasaura peeblesorum* (Ornithischia: Hadrosauridae). Canadian Journal of Earth Sciences, 38: 1205−1227.

Eberth D A, Currie P J. 2005. Vertebrate taphonomy and taphonomic modes//Currie P J, Koppelhus E B eds. Dinosaur Provincial Park, a Spectacular Ancient Ecosystem Revealed. Bloomington, Indiana: Indiana University Press, 453−477.

Erickson G M. 2005. Assessing dinosaur growth patterns: a microscopic revolution. Trends in Ecology and Evolution, 20: 677−684.

Erickson G M, Tumanova T A. 2000. Growth curve of *Psittacosaurus mongoliensis* Osborn (Ceratopsia: Psittacosauridae) inferred from long bone histology. Zoological Journal of the Linnean Society, 130: 551−566.

Evans D C. 2010. Cranial anatomy and systematics of *Hypacrosaurus altispinus*, and a comparative analysis of skull growth in lambeosaurine hadrosaurids (Dinosauria: Ornithischia). Zoological Journal of the Linnean Society, 159: 398−434.

Evans D C, Eberth D A, Ryan M J. 2015. Hadrosaurid (*Edmontosaurus*) bonebeds from the Horseshoe Canyon Formation (Horsethief Member) at Drumheller, Alberta, Canada: geology, preliminary taphonomy, and significance. Canadian Journal of Earth Sciences, 52(8): 642−654.

Evans D C, Reisz R R. 2007. Anatomy and relationships of *Lambeosaurus magnicristatus*, a crested hadrosaurid dinosaur (Ornithischia) from the Dinosaur Park Formation, Alberta. Journal of Vertebrate Paleontology, 27(2): 373−393.

Evans D C, Ridgely R, Witmer L M. 2009. Endocranial anatomy of lambeosaurine hadrosaurids (Dinosauria: Ornithischia): A sensorineural perspective on cranial crest function. The Anatomical Record, 292(9): 1315−1337.

Farke A A, Chok D J, Herrero A, et al. 2013. Ontogeny in the tube-crested dinosaur *Parasaurolophus* (Hadrosauridae) and heterochrony in hadrosaurids. PeerJ, 1: e182.

Foulke W P. 1859. Remarks on fossil bones, shells, and wood, particularly historical remarks on the collection of *Hadrosaurus foulkii* Leidy. Proceedings of the Academy of Natural Sciences of Philadelphia, 10: 213–215.

Fowler E A F, Horner J R. 2015. A new brachylophosaurin hadrosaur (Dinosauria: Ornithischia) with an intermediate nasal crest from the Campanian Judith River Formation of Northcentral Montana. PloS ONE, 10(11): e0141304.

Francillon-Vieillot H, de Buffrénil V, Castanet J D, et al. 1990. Microstructure and mineralization of vertebrate skeletal tissues// Carter J G ed. Skeletal biomineralization: patterns, processes and evolutionary trends, Vol. 1. New York: Van Nostrand, Reinhold, 471−530.

Gates T A, Sampson S D. 2007. A new species of *Gryposaurus* (Dinosauria: Hadrosauridae) from the late Campanian Kaiparowits Formation, southern Utah, USA. Zoological Journal of the Linnean Society, 151(2): 351−376.

Gates T A, Scheetz R. 2014. A new saurolophine hadrosaurid (Dinosauria: Ornithopoda) from the Campanian of Utah, North America. Journal of Systematic Palaeontology, 13(8): 711−725.

Gates T A, Horner J R, Hanna R R, et al. 2011. New unadorned hadrosaurine hadrosaurid (Dinosauria, Ornithopoda) from the Campanian of North America. Journal of Vertebrate Paleontology, 31(4): 798−811.

Gilmore C W. 1924. On the genus *Stephanosaurus*, with a description of the type specimen of Lambeosaurus lambei, parks. Bulletin of the Canada Department of Mines and Geological Survey, 38: 29−48.

Gilmore C W. 1933. On the dinosaurian fauna of the Iren Dabasu Formation. Bulletin of the American Museum of Natural History, 67: 23−78.

Godefroit P, Bolotsky Y, Alifanov V. 2003. A remarkable hollow-crested hadrosaur from Russia: an Asian origin for lambeosaurines. Comptes Rendus Palevol, 2(2): 143−151.

Godefroit P, Bolotsky Y L, Lauters P. 2012. A new saurolophine dinosaur from the latest Cretaceous of Far Eastern Russia. PloS ONE, 7(5): e36849.

Godefroit P, Bolotsky Y L, Van Itterbeeck J. 2004. The lambeosaurine dinosaur *Amurosaurus riabinini*, from the Maastrichtian of Far Eastern Russia. Acta Palaeontologica Polonica, 49(4): 585−618.

Godefroit P, Dong Z M, Bultynck P, et al. 1998. Sino-Belgian Cooperative Program. Cretaceous Dinosaurs and Mammals from Inner Mongolia: 1) New *Bactrosaurus* (Dinosauria: Hadrosauroidea) material from Iren Dabasu (Inner Mongolia, P.R. China). Bulletin de l'Institute Royal des Sciences Naturelles du Belgique, 68: 1−70.

Godefroit P, Hai S L, Yu T X, et al. 2008. New hadrosaurid dinosaurs from the uppermost Cretaceous of northeastern China. Acta Palaeontologica Polonica, 53: 47−74.

Godefroit P, Farris J S, Nixon K C. 2008. TNT, a free program for phylogenetic analysis. Cladistics, 24(5): 774−786.

Godefroit P, Li H, Shang C Y. 2005. A new primitive hadrosauroid dinosaur from the Early Cretaceous of Inner Mongolia (PR China). Comptes Rendus Palevol, 4(8): 697−705.

Godefroit P, Zan S Q, Jin L Y. 2000. *Charonosaurus jiayinensis* n.g., n.sp., a lambeosaurine dinosaur from the Late Maastrichtian of northeastern China. Comptes Rendus de l'Académie des Sciences-Series IIA-Earth and Planetary Science, 330(12): 875−882.

Grabau A W. 1923. Cretaceous fossils from Shantung. Bulletin of the Geological Survey of China, 5(2): 143−182.

Gradziń ski R, Jerzykiewicz T. 1972. Additional geographical and geological data from the Polish-Mongolian Palaeontological Expeditions. Palaeontologia Polonica, 27: 17−32.

Head J J. 1998. A new species of basal hadrosaurid (Dinosauria, Ornithischia) from the Cenomanian of Texas. Journal of Vertebrate Paleontology, 18(4): 718−738.

Head J J. 2001. A reanalysis of the phylogenetic position of *Eolambia caroljonesa* (Dinosauria, Iguanodontia). Journal of Vertebrate Paleontology, 21: 392−396.

Hone D W E, Sullivan C, Zhao Q, et al. 2014. Body size distribution in a death assemblage of a colossal hadrosaurid from the Upper Cretaceous of Zhucheng, Shandong Province, China. In: Eberth D A, Evans D C eds. Hadrosaurs. Bloomington, Indiana: Indiana University Press, 524−531.

Hopson J A. 1975. The evolution of cranial display structures in hadrosaurian dinosaurs. Paleobiology, 1: 21−43.

Horner J R. 1988. A new hadrosaur (Reptilia, Ornithischia) from the Upper Cretaceous Judith River Formation of Montan. Journal of Vertebrate Paleontology, 8(3): 314−321.

Horner J R. 1992. Cranial morphology of *Prosaurolophus* (Ornithischia: Hadrosauridae) with descriptions of two new hadrosaurid species and an evaluation of hadrosaurid phylogenetic relationships. Museum of the Rockies, Montana State University, 2: 1−119.

Horner J R, Currie P J. 1994. Embryonic and neonatal morphology and ontogeny of a new species of *Hypacrosaurus* (Ornithischia, Lambeosauridae) from Montana and Alberta. In: Carpenter K, Hirsch K F, Horner J R, eds. Dinosaur eggs and babies. Cambridge University Press, Cambridge, 312–336.

Horner J R, Makela R. 1979. Nest of juveniles provides evidence of family structure among dinosaurs. Nature, 282: 296–298.

Horner J R, Weisharnpel D B. 1990. Hadrosauridae//Weishampel D B, Dodson P, Osmolska H, eds. The Dinosauria. Berkeley: University of California Press, 534–561.

Horner J R, Weishampel D B, Forster C A. 2004. Hadrosauridae. In: Weishampel D B, Dodson P, Osmólska H, eds, The Dinosauria, 2nd version. Berkeley: University of California Press, 438–463.

Horner J R, de Ricqlès A, Padian K. 2000. Long bone histology of the hadrosaurid dinosaur *Maiasaura peeblesorum*: growth dynamics and physiology based on an ontogenetic series of skeletal elements. Journal of Vertebrate Paleontology, 20: 115–129.

Hübner T R. 2012. Bone histology in *Dysalotosaurus lettowvorbecki* (Ornithischia: Iguanodontia) — variation, growth, and implications. PLoS One, 7(1): e29958.

Huene F von. 1956. Paläontologie und Phylogenie der niederen Tetrapoden. Jena: Gustav Fischer Verlag, 716.

Hunt A P, Lucas S G. 1993. Cretaceous vertebrates of New Mexico. New Mexico Museum of Natural History and Science Bulletin, 2: 77–91.

Juárez Valieri R D, Haro J A, Fiorelli L E, et al. 2010. A new hadrosauroid (Dinosauria: Ornithopoda) from the Allen Formation (Late Cretaceous) of Patagonia, Argentina. Revista del Museo Argentino de Ciencias Naturales, 12(2): 217–231.

Kirkland J I. 1998. A new hadrosaurid from the upper Cedar Mountain Formation (Albian-Cenomanian: Cretaceous) of eastern Utah—the oldest known hadrosaurid (lambeosaurine?). Lower and Middle Cretaceous Terrestrial Ecosystems. New Mexico Museum of Natural History and Science Bulletin, 14: 283–295.

Klein N, Sander M. 2008. Ontogenetic stages in the long bone histology of sauropod dinosaurs. Paleobiology, 34(2): 247–263.

Lambe L M. 1914. On *Gryposaurus notabilis*, a new genus and species of trachodont dinosaur from the Belly River Formation of Alberta, with description of the skull of *Chasmosaurus belli*. The Ottawa Naturalist, 27(11): 145–155.

Lambe L M. 1917a. A new genus and species of crestless hadrosaur from the Edmonton Formation of Alberta. The Ottawa Naturalist, 31(7): 65–73.

Lambe L M. 1917b. On *Cheneosaurus tolmanensis*, a new genus and species of trachodont dinosaur from the Edmonton Cretaceous of Alberta. Ottawa Naturalist, 30: 117–123.

Lambe L M. 1920. The hadrosaur *Edmontosaurus* from the Upper Cretaceous of Alberta. Memoirs of the Geological Survey of Canada, 120: 1–79.

Langston, W. 1960. The vertebrate fauna of the Selma Formation of Alabama, part VI: the dinosaurs. Fieldiana: Geology Memoirs, 3(5): 315–359.

Lauters P, Bolotsky Y L, Van Itterbeeck J, et al. 2008. Taphonomy and age profile of a latest Cretaceous dinosaur bone bed in Far Eastern Russia. Palaios, 23: 153–162.

Leidy J. 1856a. Notices of remains of extinct Reptiles and Fishes, discovered by D.F.V. Hayden in the Bad Lands of the Judith River, Nebraska Territory. Proceedings of the Academy of Natural Sciences of Philadelphia, 8: 72–73.

Leidy J. 1856b. Notices of extinct Vertebrata discovered by Dr. F.V. Hayden, during the expedition to the Sioux country under the command of Lieut. G. K. Warren. Proceedings of the Academy of Natural Sciences of Philadelphia, 8: 311–312.

Leidy J. 1858. *Hadrosaurus foulkii*, a new saurian from the Cretaceous of New Jersey, related to Iguanodon. Proceedings of the Academy of Natural Sciences of Philadelphia, 10: 213–218.

Lull R S, Wright N E. 1942. Hadrosaurian dinosaurs of North America. Geological Society of America Special Papers, 40: 1–242.

Lund E K, Gates T A. 2006. A historical and biogeographical examination of hadrosaurian dinosaurs. New Mexico Museum of Natural History and Science Bulletin, 35: 263–276.

Marsh O C. 1872. Notice on a new species of *Hadrosaurus*. American Journal of Science, 3: 301.

Marsh O C. 1881. Principal characters of American Jurassic dinosaurs. Part IV. American Journal of Science, 125: 417–423.

Marsh O C. 1890. Description of new dinosaurian reptiles. American Journal of Science, 3(229): 81–86.

Marsh O C. 1892. Notice of new reptiles from the Laramie Formation. American Journal of Science, 257: 449–453.

Maryańska T, Osmólska H. 1981. Cranial anatomy of *Saurolophus augustirostris* with comments on the Asian Hadrosauridae (Dinosauria). Palaeontologia Polonica, 42: 5–24.

Maryanska T, Osmólska H. 1984. Postcranial anatomy of *Saurolophus angustirostris* with comments on other hadrosaurs. Palaeontologia Polonica, 46: 119–141.

Mateus O, Polcyn M J, Jacobs L L, et al. 2012: Cretaceous amniotes from Angola: dinosaurs, pterosaurs, mosasaurs, plesiosaurs, and turtles. Actas de V Jornadas Internacionales sobre Paleontología de Dinosaurios y su Entorno, Salas de los Infantes, Burgos, 71–105.

Mcdonald A T, Wolfe D G, Kirkland J I. 2010. A new basal hadrosauroid (Dinosauria: Ornithopoda) from the Turonian of New Mexico. Journal of Vertebrate Paleontology, 30(3): 799–812.

McGarrity C T, Campione N E, Evans D C. 2013. Cranial anatomy and variation in *Prosaurolophus maximus* (Dinosauria: Hadrosauridae). Zoological Journal of the Linnean Society, 167(4): 531–568.

Mo J Y, Zhao Z R, Wang W, et al. 2007. The first hadrosaurid dinosaur from southern China. Acta Geologica Sinica (English

Edition), 81(4): 550−554.

Mori H. 2014. Osteology, relationships and paleoecology of a new arctic hadrosaurid (Dinosauria: Ornithopoda) from the Prince Creek Formation of northern Alaska. University of Alaska Fairbanks, 1−332.

Mori H, Druckenmiller P S, Erickson G M. 2015. A new Arctic hadrosaurid from the Prince Creek Formation (lower Maastrichtian) of northern Alaska. Acta Palaeontologica Polonica, 61(1): 15−32.

Morris W J. 1981. A new species of hadrosaurian dinosaur from the Upper Creataceous of Baja California: ? *Lambeosaurus laticaudus*. Journal of Paleontology, 55(2): 453−462.

Nagao T. 1936. *Nipponosaurus sachalinensis*: a new genus and species of trachodont dinosaur from Japanese Saghalien. Journal of the Faculty of Science, Hokkaido Imperial University. Ser. 4, Geology and Mineralogy, 3(2): 185−220.

Nopcsa F B. 1933. On the histology of the ribs in immature and half-grown trachodont dinosaurs. Proceedings of the Zoological Society of London, 103(1): 221−226.

Nopcsa F. 1903. *Telmatosaurus*, new name for the dinosaur *Limnosaurus*. Geological Magazine, 10: 94−95.

Norman D B. 1984. On the cranial morphology and evolution of ornithopod dinosaurs. Symposium of the Zoological Society of London, 52: 521−547.

Norman D B. 2002. On Asian ornithopods (Dinosauria: Ornithischia). 4. Probactrosaurus. Zoological Journal of the Linnean Society, 136(1): 113−144.

Ostrom J H. 1961. A new species of hadrosaurian dinosaur from the Cretaceous of New Mexico. Journal of Paleontology, 35: 575−577.

Ostrom J H. 1962. The cranial crests of hadrosaurian dinosaurs. Postilla, 62: 1−29.

Ostrom J H. 1964. The systematic position of *Hadrosaurus* (Ceratops) paucidens Marsh. Journal of Paleontology, 38: 130−134.

Parks W A. 1920. Preliminary description of a new species of trachodont dinosaur of the genus *Kritosaurus*, *Kritosaurus incurvimanus*. Transactions of the Royal Society of Canada, 3(13): 51−59.

Parks W A. 1922. *Parasaurolophus walkeri*: a new genus and species of crested trachodont dinosaur. University of Toronto Studies: Geological Series. 13: 1−32.

Parks W A. 1923. *Corythosaurus intermedius*, a new species of trachodont dinosaur. University of Toronto Studies, Geological Series, 15: 5−57.

Pereda-Suberbiola X, Canudo J I, Cruzado-Caballero P, et al. 2009. The last hadrosaurid dinosaurs of Europe: a new lambeosaurine from the uppermost Cretaceous of Arén (Huesca, Spain). Comptes Rendus Palevol, 8(6): 559−572.

Poropat S F, Kear B P. 2013. Reassessment of coelurosaurian (Dinosauria, Theropoda) remains from the Upper Cretaceous Wangshi Group of Shandong Province, China. Cretaceous Research, 45: 103−113.

Prieto-Márquez A. 2005. New information on the cranium of *Brachylophosaurus canadensis* (Dinosauria, Hadrosauridae), with a revision of its phylogenetic position. Journal of Vertebrate Paleontology, 25(1): 144−156.

Prieto-Márquez A. 2007. Postcranial osteology of the hadrosaurid dinosaur *Brachylophosaurus canadensis* from the Late Cretaceous of Montana.//Carpenter K, eds, Horns and beaks. Ceratopsian and ornithopod dinosaurs. Bloomigton: Indiana University Press, 91−115.

Prieto-Márquez A. 2008. Phylogeny and historical biogeography of hadrosaurid dinosaurs. PhD dissertation, Tallahassee, Florida: Florida State University, 936.

Prieto-Márquez A. 2010a. Global historical biogeography of hadrosaurid dinosaurs. Zoological Journal of the Linnean Society, 159: 530−525.

Prieto-Márquez A. 2010b. Global phylogeny of Hadrosauridae (Dinosauria: Ornithopoda) using parsimony and Bayesian methods. Zoological Journal of the Linnean Society, 159: 435−502.

Prieto-Márquez A. 2011. The skull and appendicular skeleton of *Gryposaurus latidens*, a saurolophine hadrosaurid (Dinosauria: Ornithopoda) from the early Campanian (Cretaceous) of Montana, USA. Canadian Journal of Earth Sciences, 49: 510−532.

Prieto-Márquez A. 2014. A juvenile *Edmontosaurus* from the late Maastrichtian (Cretaceous) of North America: implications for ontogeny and phylogenetic inference in saurolophine dinosaurs. Cretaceous Research, 50: 282−303.

Prieto-Márquez A, Chiappe L M, Joshi S H. 2012. The lambeosaurine dinosaur *Magnapaulia laticaudus* from the Late Cretaceous of Baja California, northwestern Mexico. PLoS One, 7(6): e38207.

Prieto-Márquez A, Erickson G M, Ebersole J A. 2016. Anatomy and osteohistology of the basal hadrosaurid dinosaur *Eotrachodon* from the uppermost Santonian (Cretaceous) of southern Appalachia. PeerJ, 4: e1872.

Prieto-Márquez A, Gaete R, Rivas G, et al. 2006. Hadrosauroid dinosaurs from the Late Cretaceous of Spain: *Pararhabdodon isonensis* revisited and *Koutalisaurus kohlerorum*, gen. et sp. nov. Journal of vertebrate Paleontology, 26(4): 929−943.

Prieto-Márquez A, Wagner J R. 2009. *Pararhabdodon isonensis* and *Tsintaosaurus spinorhinus*: a new clade of lambeosaurine hadrosaurids from Eurasia. Cretaceous Research, 30(5): 1238−1246.

Prieto-Márquez A, Wagner J R. 2013. The 'unicorn' dinosaur that wasn't: a new reconstruction of the crest of *Tsintaosaurus* and the early evolution of the lambeosaurine crest and rostrum. PloS One, 8(11): 1−20.

Prieto-Márquez A, Wagner J R, Bell P R, et al. 2015. The latesurviving 'duck-billed' dinosaur *Augustynolophus* from the upper Maastrichtian of western North America and crest evolution in Saurolophini. Geological Magazine, 152(02): 225–241.

Prieto-Márquez A, Weishampel D B, Horner J R. 2006. The hadrosaurid dinosaur *Hadrosaurus foulkii* from the Campanian of the East coast of North America, with a review of the genus. Acta Palaeontologica Polonica, 51: 77–98.

Prieto-Márquez A, Dalla Vecchia F M, Gaete R, et al. 2013. Diversity, relationships, and biogeography of the lambeosaurine dinosaurs from the European Archipelago, with description of the new aralosaurin Canardia garonnensis. PloS One, 8(7): e69835.

Prieto-Márquez A, Salinas G C. 2010. A re-evaluation of *Secernosaurus koerneri* and *Kritosaurus australis* (Dinosauria, Hadrosauridae) from the Late Cretaceous of Argentina. Journal of Vertebrate Paleontology, 30(3): 813–837.

Riabinin A N. 1930. *Mandschurosaurus amurensis* nov. gen. nov. sp., a hadrosaurian dinosaur from the Upper Cretaceous of Amur River. Mémoires de la Société paléontologique de Russie, 2: 1–36.

Rozhdestvensky A K. 1952. A new representative of duckbilled dinosaurs from the Upper Cretaceous deposits of Mongolia. Dokl Akad SSSR, 86: 405–408.

Rozhdestvensky A K. 1964. Suborder Ornithopoda Osnovyi P ed, Moscow: Akademia Nauka, 12: 553–572.

Rozhdestvensky A K. 1966. New iguanodonts from Central Asia: phylogenetic and taxonomic relationships between late Iguanodontidae and early Hadrosauridae. Paleontological Journal, 3: 103–116.

Rozhdestvensky A K. 1968. Hadrosaurs of Kazakhstan. Upper paleozoic and mesozoic amphibians and reptiles. Moscow: Akademia Nauk SSSR, 97–141.

Rozhdestvensky A K. 1977. The study of dinosaurs in Asia. Journal of the Palaeontological Society of India, 20: 102–119.

Russell D A, Chamney T P. 1967. Notes on the biostratigraphy of dinosaurian and microfossil faunas in the Edmonton Formation (Cretaceous): Alberta. National Museum of Canada Natural History Papers, 35: 1–22.

Scherzer B A, Varricchio D J. 2010. Taphonomy of a juvenile lambeosaurine bonebed from the Two Medicine Formation (Campanian) of Montana, United States. Palaios, 25: 780–795.

Seeley H G. 1887. On the classification of the fossil animals commonly named Dinosauria. Proceedings of the Royal Society of London, 43: 165–171.

Senter P. 2012. Forearm orientation in Hadrosauridae (Dinosauria: Ornithopoda) and implications for museum mounts. Palaeontologia Electronica, 15: 1–10.

Sereno P C. 1986. Phylogeny of the bird-hipped dinosaurs (Order Ornithischia). National Geographic Research, 2: 234–256.

Sereno P C. 2000. The fossil record, systematics and evolution of pachycephalosaurs and ceratopsians from Asia//Benton M J,

Shishkin M A, Unwin D M, et al. eds. The Age of Dinosaurs in Russia and Mongolia. Cambridge: Cambridge University Press, 480–516.

Song J Y, Jiang S X, Wang X L. 2023. Pterosaur remains from uppermost Lower Cretaceous (Albian) of China, with comments on the femoral osteological correlates for thigh muscles. Cretaceous Research, 150: 105588.

Sternberg C M. 1926. A new species of *Thespesius* from the Lance Formation of Saskatchewan. Canada Department of Mines Bulletin, Geological Series, 44: 73–84.

Sternberg C M. 1935. Hooded Hadrosaurs of the Belly River Series of the Upper Cretaceous: Canada Department of Mines Bulletin, Geological Series, 52(77): 1–37.

Sternberg C M. 1953. A new hadrosaur from the Oldman Formation of Alberta: discussion of nomenclature. Bulletin of the National Museum of Canada, 128: 275–286.

Sternberg C M. 1954. Classification of American duck-billed dinosaurs. Journal of Paleontology, 28(3): 382–383.

Sullivan R M. 2003. Revision of the dinosaur *Stegoceras lambe* (Ornithischia, Pachycephalosauridae). Journal of Vertebrate Paleontology, 23. 181–207.

Sullivan R M. 2006. A taxonomic review of the Pachycephalosauridae (Dinosauria: Ornithischia)//Lucas S G, Sullivan R M, eds. Late Cretaceous Vertebrates from the Western Interior. New Mexico Museum of Natural History and Science Bulletin, 35: 347–365.

Suzuki D, Weishampel D B, Minoura N. 2004. *Nipponosaurus sachalinensis* (Dinosauria; Ornithopoda): anatomy and systematic position within Hadrosauridae. Journal of Vertebrate Paleontology, 24(1): 145–164.

Taquet P. 1991. The status of *Tsintaosaurus spinorhinus* Young, 1958 (Dinosauria)//Kielan-Jaworowska Z, Heintz N, Nakrem H A, eds. Fifth Symposium on Mesozoic Terrestrial Ecosystems and Biota, Extended Abstracts. Oslo: Contributions from the Paleontological Museum, Unviersity of Oslo, 364: 63–64.

Taquet P. 1976. Ostéologie d'*Ouranosaurus nigeriensis*, Iguanodontide du Crétacé Inférieur du Niger. Géologie et Paléontologie du Gisement de Gadoufaoua (Aptien du Niger), Chapitre, 3: 57–168.

Wagner J R, Lehman T M. 2009. An enigmatic new lambeosaurine hadrosaur (Reptilia: Dinosauria) from the upper shale member of the Campanian Aguja Formation of Trans-Pecos Texas. Journal of Vertebrate Paleontology, 29(2): 605–611.

Wang H S. 1930. The Geology in eastern Shantung. Bulletin of the Geological Society of China, 9(1): 79–91.

Wang Q, Wang X L, Zhao Z K, et al. 2013. New turtle egg fossil from the Upper Cretaceous of the Laiyang Basin, Shandong Province, China. Anais da Academia Brasileira de Ciências, 85(1): 103–111.

Wang Q, Li Y G, Zhu X F, et al. 2018. New ootype prismatoolithids from the Late Cretaceous, Laiyang Basin and its significance. Vertebrata Palesiatica, 56(3): 264–272.

Wang X, Pan R, Butler R J, et al. 2010. The postcranial skeleton of the iguanodontian ornithopod *Jinzhousaurus yangi* from the Lower Cretaceous Yixian Formation of western Liaoning, China. Earth and Environmental Science Transactions of the Royal Society of Edinburgh, 101(2): 135−159.

Wang X, Xu X. 2001. A new iguanodontid (*Jinzhousaurus yangi* gen. et sp. nov.) from the Yixian Formation of western Liaoning, China. Chinese Science Bulletin, 46: 1669−1672.

Wang X L, Wang Q, Jiang S X, et al. 2012. Dinosaur egg faunas of the Upper Cretaceous terrestrial red beds of China and their stratigraphical significance. Journal of Stratigraphy, 36(2): 400−416.

Weishampel D, Norman D B, Grigorescu D. 1993. *Telmatosaurus transsylvanicus* from the Late Cretaceous of Romania the most basal hadrosaurid dinosaur. Palaeontology, 36: 24−24.

Weishampel D B, Jensen J A. 1979. *Parasaurolophus* (Reptilia: Hadrosauridae) from Utah. Journal of Paleontology, 53: 1422−1427.

Wilson J A. 2006. Anatomical nomenclature of fossil vertebrates: standardized terms or 'Lingua Franca'? Journal of Vertebrate Paleontology, 26: 511−518.

Wiman C. 1929. Die Kreide-Dinosaurier aus Shantung. Paleontologica Sinica, Series C, 6(1): 1−67.

Wiman C. 1931. *Parasaurolophus tubicen*, n. sp. aus der Kreide in New Mexico. Nova Acta Regiae Societatis Scientiarum Upsaliensis. Series 4, 7(5): 1−11.

Wu W H, Godefroit P, Hu D. 2010. *Bolong yixianensis* gen. et sp. nov.: a new iguanodontoid dinosaur from the Yixian Formation of western Liaoning, China. Geology and Resources, 19(2): 127−133.

Xing H, Prieto-Márquez A, Gu W, et al. 2012. Reevaluation and phylogenetic analysis of the hadrosaurine dinosaur *Wulagasaurus dongi* from the Maastrichtian of northeast China. Vertebrata PalAsiatica, 50(2): 160−169.

Xing H, Wang D Y, Han F L, et al. 2014a. A new basal hadrosauroid dinosaur (Dinosauria: Ornithopoda) with transitional features from the Late Cretaceous of Henan Province, China. PLoS One, 9(6): e98821.

Xing H, Zhao X J, Wang K B, et al. 2014b. Comparative osteology and phylogenetic relationship of *Edmontosaurus* and *Shantungosaurus* (Dinosauria: Hadrosauridae) from the Upper Cretaceous of North America and East Asia. Acta Geologica Sinica (English edition), 88(6): 1623−1652.

You H L, Ji Q, Li J L, et al. 2003. A new hadrosauroid dinosaur from the mid-Cretaceous of Liaoning, China. Acta Geologica Sinica (English Edition), 77(2): 148−154.

You H L, Li D Q. 2009. A new basal hadrosauriform dinosaur (Ornithischia: Iguanodontia) from the Early Cretaceous of northwestern China. Canadian Journal of Earth Sciences, 46(12): 949−957.

You H L, Luo Z X, Shubin N H, et al. 2003. The earliest-known duck-billed dinosaur from deposits of late Early Cretaceous age in Northwest China and hadrosaur evolution. Cretaceous Research, 24: 347−355.

Young C C. 1942. Fossil Vertebrates from Kuangyuan, N. Szechuan, China. Bulletin of the Geological Society, 22(3−4): 293−309.

Young C C. 1960. Fossil footprints in China. Vertebrata PalAsiatica, 4(2): 53−66.

Zhang J L, Wang X L, Jiang S X, et al. 2020. Internal morphology of nasal spine of Tsintaosaurus spinorhinus (Ornithischia: Lambeosaurinae) from the Upper Cretaceous of Shandong, China. Historical Biology, 33(9): 1697−1704.

Zhang J L, Wang X L, Jiang S X, et al. 2023. The postcranial anatomy of the saurolophine hadrosaurid *Laiyangosaurus youngi* from the upper cretaceous of Laiyang, Shandong, China. The Anatomical Record, 1−17.

Zhang J L, Wang X L, Wang Q, et al. 2017. A new saurolophine hadrosaurid (Dinosauria: Ornithopoda) from the Upper Cretaceous, Shandong, China. Annals of the Brazilian Academy of Sciences, 91(supl.2):1−19.

Zhang Y G, Wang K B, Chen S Q, et al. 2019. Osteological reassessment and taxonomic revision of "*Tanius laiyangensis*" (Ornithischia: Hadrosauroidea) from the upper cretaceous of Shandong, China. The Anatomical Record, 303(4), 790−800.

Zhou C F. 2010. A possible azhdarchid pterosaur from the Lower Cretaceous Qingshan Group of Laiyang, Shandong, China. Journal of Vertebrate Paleontology, 30(6): 1743−1746.

索　引

作者介绍

张嘉良

吉林吉林人。博士,毕业于中国科学院古脊椎动物与古人类研究所古生物学与地层学专业。主要从事恐龙的形态学、分类学及地层学、埋藏学研究,曾在山东、新疆、浙江、辽宁、陕西等地多次参加野外科考和化石发掘工作,重点研究山东莱阳晚白垩纪鸭嘴龙动物群及其埋藏环境。已在国内外学术刊物独立和合作发表学术论文 10 余篇。

汪筱林

甘肃甘谷人。中国科学院古脊椎动物与古人类研究所研究员、中国科学院大学教授、博士生导师,国家杰出青年基金获得者,巴西科学院通讯院士。主要从事翼龙、恐龙和恐龙蛋等化石及相关地层学、沉积学、古环境和中生代化石生物群综合研究。先后主持过辽宁、内蒙古、甘肃、新疆、山东等地数十次大型野外科学考察与化石发掘项目,发现大量重要的脊椎动物化石。在包括 *Nature*、*Science* 和 *PNAS* 等国内外学术刊物上发表论文 200 余篇,研究或合作研究并命名 70 余种化石生物。曾获国家自然科学二等奖、中国科学院杰出科技成就奖(集体)、全国优秀科普作品二等奖,以及中国科学院科普工作先进个人、杨钟健科学传播奖和"科雷杯"个人贡献奖等。南京大学、北京科技大学、云南大学等高校的兼职教授或客座教授。

王　强

山西隰县人。中国科学院古脊椎动物与古人类研究所副研究员、博士生导师。主要从事恐龙蛋和其他蛋类化石,以及相关的地层学、古地理学、古环境学等领域的研究。主持和参与了多项国家自然科学基金、国家重点基础研究计划(973 计划)、省部级项目等。在系统古生物学、地层学等领域已发表论文 30 余篇。

蒋顺兴

江苏常州人。中国科学院古脊椎动物与古人类研究所副研究员、博士生导师。主要从事翼龙的形态学、系统学和骨组织学以及相关地层学等研究。主持多项国家自然科学基金项目,并参加基础科学中心项目、国家重点研发计划等多个国家级项目。在 *Science* 和 *Current Biology* 等学术刊物上已发表研究论文 30 余篇。